の教科書II
【コンテナ開発編】

クラウドエース株式会社
飯島宏太・高木亮太郎・妹尾登茂木・富永裕貴 著

リックテレコム

本書のフォローアップサイトについて

本書の記載内容は2020年3月時点の情報を元にしています。Google Cloud Platform（GCP）の内容は年々アップデートされます。本書の内容の補足やアップデート情報につきましては下記のサイトをご参照ください。

http://www.ric.co.jp/book/contents/pdfs/1241_support.pdf

注意

1. 本書は、著者が独自に調査した結果を出版したものです。
2. 本書は万全を期して作成しましたが、万一ご不審な点や誤り、記載漏れ等お気づきの点がありましたら、出版元まで書面にてご連絡ください。
3. 本書の記載内容を運用した結果およびその影響については、上記にかかわらず本書の著者、発行人、発行所、その他関係者のいずれも一切の責任を負いませんので、あらかじめご了承ください。
4. 本書の記載内容は、執筆時点である2020年3月現在において知りうる範囲の情報です。本書に記載されたURLやソフトウェアの内容、インターネットサイトの画面表示内容などは、将来予告なしに変更される場合があります。
5. 本書に掲載されているサンプルプログラムや画面イメージ等は、特定の環境と環境設定において再現される一例です。
6. 本書に掲載されているプログラムコード、図画、写真画像等は著作物であり、これらの作品のうち著作者が明記されているものの著作権は、各々の著作者に帰属します。

商標の扱いについて

1. 本書に記載されているGoogleの商標、ロゴ、ウェブページ、スクリーンショット、またはその他の識別表示（「Googleブランド」という）は、Google Inc.の商標またはブランドを識別する表示です。
2. 本書の各章の冒頭等に掲載されている「」は、Googleが提供するGoogle Cloud Platformのアーキテクチャ図を構築するための公式アイコンの一例であり、Googleブランドに帰属します。
3. 上記のほか、本書に記載されている製品名、サービス名、会社名、団体名、およびそれらのロゴマークは、一般に各社または各団体の商標、登録商標または商品名である場合があります。
4. 本書では原則として、本文中において™マーク、®マーク等の表示を省略させていただきました。
5. 本書の本文中では日本法人の会社名を表記する際に、原則として「株式会社」等を省略した略称を記載しています。また、海外法人の会社名を表記する際には、原則として「Inc.」「Co.,Ltd.」等を省略した略称を記載しています。

はじめに

近年、コンテナベースでの開発は、アプリケーションエンジニアにとって必須とも言える重要な技術となっています。しかし一通りの開発ができたとしても、コンテナの利点を十分に活かした設計が難しく感じる場面には、多く遭遇しているのではないでしょうか。

障害復旧のための対応策、PODやNODEの最適なスケール設定、セキュアな設計方法、DBやストレージ等他サービスとの連携等々……考えなければいけない事項は、山のように出てきます。

また、コンテナの基盤となるKubernetesやその実行環境を構築することの難易度は、極めて高いと言わざるをえません。

本書では、このような課題の1つの解として、Google Cloud Platformが持っている様々なサービス・機能を使うことにより、コンテナを活用した開発を容易に実現できるよう解説しました。

筆者の私たちは、普段からGCPを利用したコンテナ開発を行っています。本書には、その膨大な作業量の中から見いだしたベストプラクティスやテクニックを存分に盛り込んだつもりです。これらの知識は、読者の皆さんがコンテナベースでの開発を行うときに有益なものとなるでしょう。

この本の対象読者

本書は、次のような方にお勧めです。

- コンテナベースの開発をしていて、Dockerだけではそろそろ限界があると感じている方
- コンテナとクラウドサービスを活用した開発がしたいと考えている方
- Kubernetesのことは、あまり知識はない。だけど、今後主流となる開発手法なので使ってみたいと考えている方
- Googleが提供する最新のエンタープライズサービスを、貪欲に自分の仕事に取り込みたい方

なお、次の項目については、本書を読むための前提知識としており、本書では特に解説はしておりません。ご了承ください。

- Dockerの基本的な使い方
- Go、Node.js、Pythonなどのアプリケーション言語（本書では主にGoを利用します）
- GitとGitHubに代表されるバージョン管理システムの使い方など
- Cloud Identity and Access Management（IAM）
- Knative

ただし上記のうち下の2つについては、次のパートで簡単に解説します。

- Cloud Identity and Access Management（IAM）……第1章で紹介します。
- Knative……本書で必要となる知識は第6章で解説するので、知らない場合もそのまま読み進めることができるでしょう。

サンプルコードについて

本書の後半では、サンプルコードを利用します。サンプルコードは次のGitHubリポジトリからダウンロードできます。

```
https://github.com/cloud-ace/gcp-container-textbook
```

詳細はサンプルコード内のLICENSE.mdを確認していただきたいのですが、次のことを遵守しご利用ください。

- 本書の学習、演習に利用することについては、何ら制限はありません。
- 再頒布は禁止しますが、フォークは可とします。
- サンプルコードをそのまま利用し、利益を得ることはお控えください。

Bon Voyage！（船出のときです！）

本書を100％活用して頂き、皆さんのコンテナ開発スキルが飛躍的に向上すれば著者として一番の幸いです。

本書はGCPの大海原での羅針盤です。さあ、コンテナを乗せて開発と言う名の大海洋に乗り出しましょう！

2020年3月

著者を代表して　**妹尾 登茂木（@0Delta）**

目次

第3章 Cloud Build 37

第4章 Kubernetes 63

Google Cloud Platformの紹介

本章ではGCPについて簡単に説明し、GCPでプロジェクトを作成する方法を解説します。もしすでにGCPを業務である程度扱っているのであれば、これまでの「おさらい」として本章はご一読ください。

1.1 Google Cloud Platformとは

Google Cloud Platform、通称GCPは、Googleが提供するクラウドサービス群の名称です。Amazon Web Services（AWS）やMicrosoft Azureを知っている方は、そのGoogle版と考えていただいて構いません。

Gmail、Google Drive、YouTubeといったGoogleが提供する世界規模のサービスを支える自社サーバ群を、サービスという形で誰でも使えるようにしたものがGCPです。世界中どこからでも低レイテンシでアクセスできるスピードと、超大容量のデータ保存領域を有します。公表はされていませんが、少なくともその容量は5ゼタバイトを超える[注1]と言われています。これは私たちに馴染みのある単位にすれば50億テラバイトです。それほど高速かつ大規模でありながら、情報漏えいを起こしていない堅牢なシステムとして熟成されています。

GCPは、用途ごとに多数のサービスに分けられています。その中でも、ビックデータの解析やAIに関する技術は世界一と言っても過言ではないでしょう。もちろん、その他の用途には使えない…ということはなく、仮想マシンを自由に利用できるサービスや多数のデバイスからのメッセージを受け渡しするサービス等々、数えるとキリがありません。あまりにも多いので、本書ではすべては紹介しません。GCPのより広範囲なコンテンツについて知りたい場合は、弊著『GCPの教科書』[注2]のご一読を推奨いたします。

本書で利用する主なサービスを表1.1.1に示します。

表1.1.1　本書で利用する主なサービス

名前	サービス内容
Stackdriver	ログの収集とモニタリング
Container Registry	コンテナのホスト
Cloud Build	CIツール
Google Kubernetes Engine (GKE)	Kubernetesクラスタのマネージド・サービス
Cloud Run	コンテナの実行サービス

注1　https://www.forbes.com/sites/kashmirhill/2013/07/24/blueprints-of-nsa-data-center-in-utah-suggest-its-storage-capacity-is-less-impressive-than-thought

注2　https://www.amazon.co.jp/gp/product/B07S1LG1Y1/

1.2 プロジェクトの準備

本書を最大限に理解するには、実際にサービスを動かすことが一番です。サービスを利用するためには、Googleのアカウントが必要です。まだGoogleのアカウントを作っていない方、GCPのサービスに登録していないという方は、これから紹介する手順でアカウントを作ることを強く推奨します。すでにGCPを使ったことがある方は、この節をスキップして次の章へ進みましょう。

なお本書の執筆時点では、初めてGCPを使うアカウントには300ドル（有効期限1年）のボーナスクレジットが付与されます。 本書を読み進めながら実際に動かしても、実際にお金がかかることはほぼありません。この機会にぜひ登録し、体験してみることをお勧めします。

1.2.1 用意するもの

GCPを利用するには、次の2つが必要です。

- Googleアカウント
- クレジットカード

1.2.2 Googleアカウントの作成

なにはともあれ、Googleのアカウントがなければ始まりません。Googleアカウントを持っていない場合は、任意のメールアドレスを作ってアカウントを作成しましょう。既存のメールアドレスを利用しても構いません。

まず、Google[注3]へアクセスして、右上の「ログイン」ボタンをクリックします。すでにログインしていてアイコンが表示されている場合は、このセクションをスキップして構いません。

注3 https://www.google.co.jp/

図1.2.1　右上の「ログイン」ボタンを押す

図1.2.2の画面では「アカウントを作成」ボタンをクリックします。

図1.2.2　アカウントを作成

すると図1.2.3のようにアカウントの作成用途がプルダウンで表示されます。ここでは「自分用」を選択してください。

図1.2.3　「自分用」を選択

続けて名前などの情報を入力していきます。また、本人確認用に携帯電話が必要です。手元に用意しておきましょう。

図1.2.4　必要な情報を入力

Googleへのアカウント登録はこれで終了ですが、2段階認証まで設定することをお勧めします。2段階認証を設定すると、アカウントがハッキングされる危険性をグッと減らせます。

まずは図1.2.5のように、画面右上のアカウントアイコンをクリックし、「Googleアカウント」ボタンを押します。

図1.2.5　画面右上のアイコンをクリックし、「Googleアカウント」ボタンを押す

次の画面で、左側のメニューから「セキュリティ」を選択します。

図1.2.6 「セキュリティ」を選択

続けて、「2段階認証プロセス」を選択します。

図1.2.7 「2段階認証プロセス」を選択

図1.2.8のような画面が表示されるので、SMS（ショートメッセージサービス）を受信できる携帯電話の電話番号を入力しましょう。すると、携帯電話にメッセージが届きます。

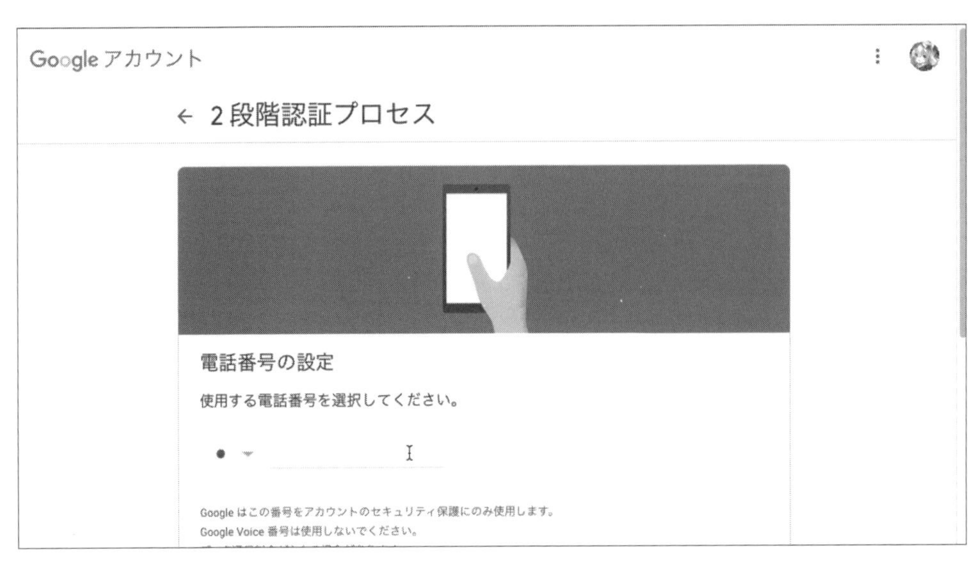

図1.2.8　SMSを受け取れる電話番号を入力

届いたメッセージに記載されている番号を入力しましょう。

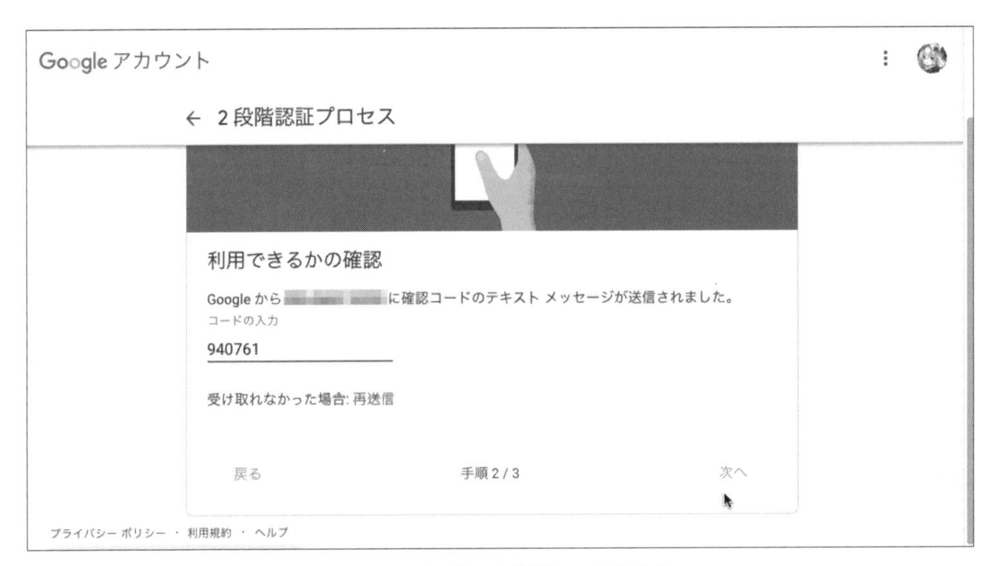

図1.2.9　受け取った認証コードを入力

最後に、「有効にする」ボタンをクリックして完了です。以降、Googleへのログイン時に先ほどと同じ感じでメッセージが飛ぶようになります。

図1.2.10　「有効にする」ボタンをクリック

バックアップコードだけは確実に別管理にして保管しておきましょう。「セキュリティ」→「バックアップコード」の「設定」ボタンから表示できます。

図1.2.11　バックアップコード

図1.2.12のようにバックアップコードが表示されるので、確実に保管してください。アカウントにログインできない状況でも参照できるよう、印刷して他人に見られない場所に保管し

ておきましょう。なお、ここでは説明のためにフェイクの番号を記載しています。皆さんは実際のバックアップコードを他人と共有してはいけません。

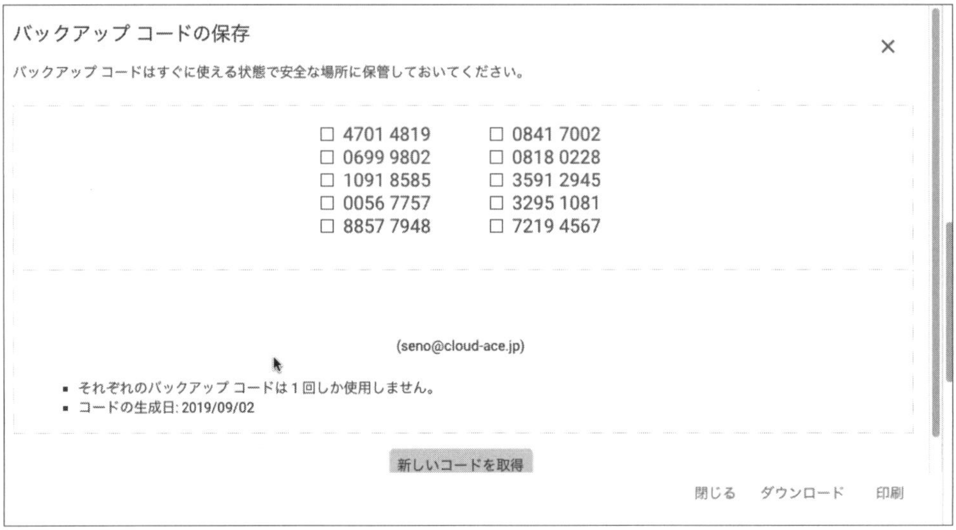

バックアップ コードの保存

バックアップ コードはすぐに使える状態で安全な場所に保管しておいてください。

☐ 4701 4819　☐ 0841 7002
☐ 0699 9802　☐ 0818 0228
☐ 1091 8585　☐ 3591 2945
☐ 0056 7757　☐ 3295 1081
☐ 8857 7948　☐ 7219 4567

(seno@cloud-ace.jp)

- それぞれのバックアップ コードは 1 回しか使用しません。
- コードの生成日: 2019/09/02

新しいコードを取得

閉じる　ダウンロード　印刷

図1.2.12　バックアップコードの保存

任意で図1.2.13の認証システムアプリを使った認証に切り替えることも可能です。詳細については本書で説明しませんが、設定しておくと便利です。

Google アカウント

← 2 段階認証プロセス

設定

Google からのメッセージ
スマートフォンで受信した Google メッセージで [はい] をタップしてログインします。
スマートフォンを追加

認証システム アプリ
認証システム アプリを使うと、スマートフォンがオフラインのときでも確認コードを無料で取得できます。Android と iPhone で利用できます。
設定

バックアップ用の電話

図1.2.13　お好みでアプリでの認証に切り替え

1.3 GCPのプロジェクトの作成

GCPのプロジェクトを作成しましょう。まず、次のGoogle Cloudのページへ移動します。

https://cloud.google.com/

移動したら、右上の「ログイン」ボタンからGoogleアカウントにログインします。アカウントを作成した直後の場合は、すでにログインしているのでこの手順は不要です。

図1.3.1　画面右上の「ログイン」ボタンからGoogleアカウントにログイン

すると図1.3.2のように「コンソール」ボタンが表示されるはずなので、これをクリックしましょう。「無料トライアルを始める」については無視してもらって構いません。

図1.3.2 「コンソール」ボタンをクリック

図1.3.3のように画面左上に「プロジェクトの選択」と表示されていたら、それをクリックします。別途ウィンドウが開いた場合は、ウィンドウの指示に従って進めましょう。場合によっては図1.3.4のような画面になりますが、その際は図1.3.3はスキップして構いません。

図1.3.3 「プロジェクトの選択」をクリック

新しいプロジェクトを作成します。プロジェクト名は後から変更できますが、プロジェクトIDは変更できないので注意してください。また、プロジェクトIDは全世界で一意でなければなりません。

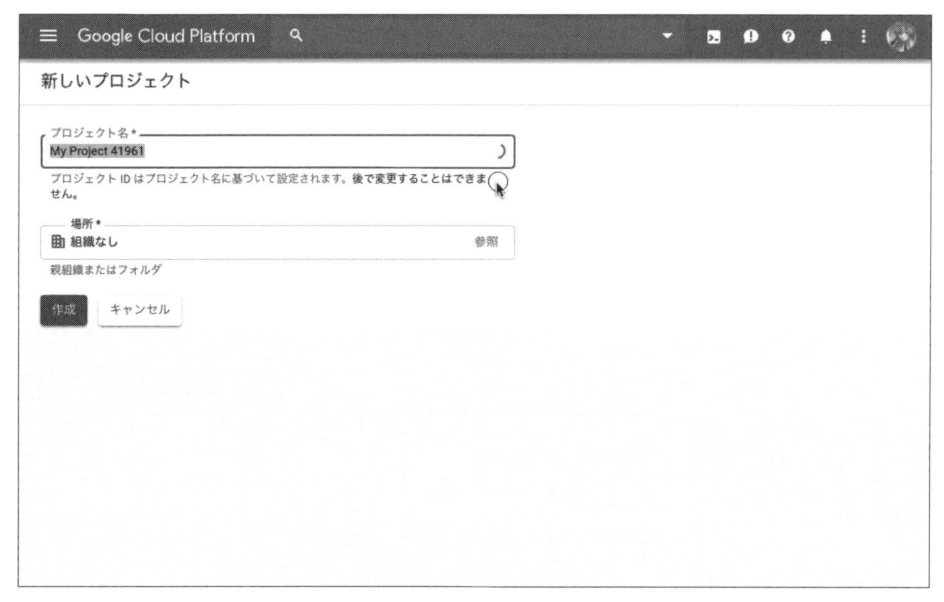

図1.3.4　プロジェクト名を入力して「作成」ボタンをクリック

先ほど「プロジェクトの選択」となっていた箇所がプロジェクト名に変わっていればOKです！

図1.3.5　プロジェクトの完成

1.3.1 クレジットカードの登録

初回なら300ドル相当のボーナスクレジットが付与されているので、これを使える方は、本書の内容に沿って進めても実際にお金がかかることはほぼないでしょう。1年の有効期限がありますから、本書を読み終わった後にも活用できます。他のコンテンツが気になったときに寄り道してもよいでしょう。GCPには素晴らしいコンテンツが沢山ありますので。

1.3.2 Cloud SDKとCloud Shellの準備

Cloud SDKは、GCPのリソースをシェルから管理できるようにするツールです。Webから設定できる項目はほぼすべてCloud SDKでも設定可能であり、やろうと思えばGUI環境なしでGCPを利用することも可能です。また、データの用意からデプロイ、確認、削除までを一通りコード化できるので、サンプルの共有に役立ちます。例えば、次のコマンドを実行すればtestという名前のインスタンスが立ち上がります。

```
$ gcloud compute instances create test
```

Cloud Shellは、GCPが提供するシェル環境です。Cloud SDKの他、Java、Node.js、Go、.NETなどの環境が一通り揃っており、「サンプルコードを取得してビルドし、GCPにデプロイ」という流れをすぐに実行できるようになってます。Webコンソールからアクセスできるので、デプロイコマンドをコピペしてWeb上ですぐに確認するといったことも簡単です。また、Cloud Shellは作業端末のOSに依存しないインスタンスです。そのため、作業端末がWindowsでもmacOSでもUbuntuでも、一貫して同じ環境で作業が可能な点も強みです。本書だけではなく、GCPのサンプルや多くの記事において「Cloud Shellで次のコマンドをコピペして実行すればOKです」というシーンは多々ありますから、活用していきましょう。

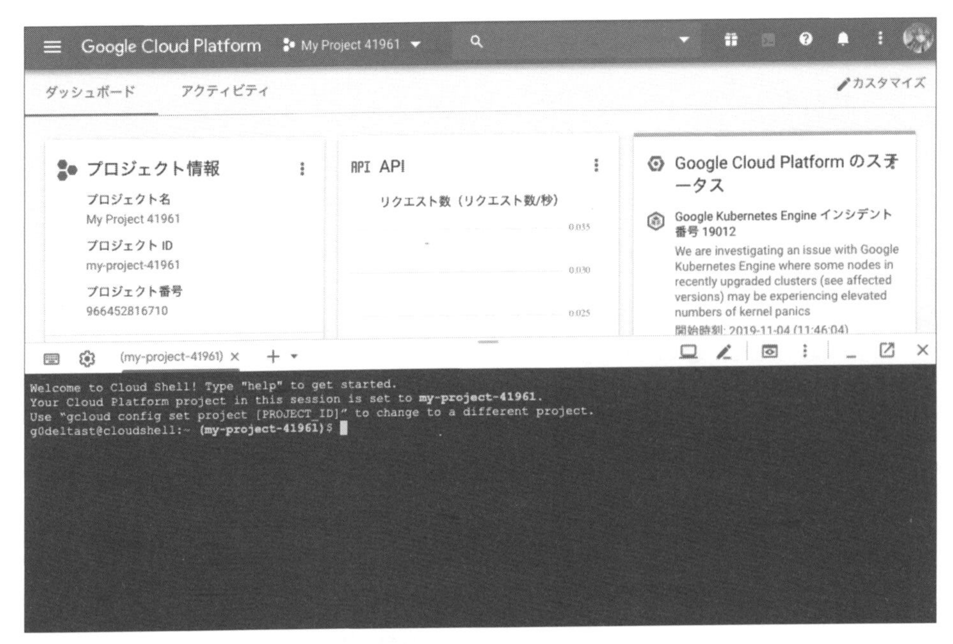

図1.3.6　Cloud Shell

Cloud SDKはCloud Shellで使えるだけでなく、ローカルマシンにインストールすることも可能です。「Google Cloud SDKのドキュメント」注4というページに各環境向けのインストーラーがあるので、これをダウンロードしてインストールしましょう。インストール後に次のようにコマンドを実行すれば、初期設定が完了します。

```
[user@localhost /]$ gcloud init
Welcome! This command will take you through the configuration of gcloud.

Your current configuration has been set to: [default]

You can skip diagnostics next time by using the following flag:
  gcloud init --skip-diagnostics

Network diagnostic detects and fixes local network connection issues.
Checking network connection...done.
Reachability Check passed.
Network diagnostic passed (1/1 checks passed).

You must log in to continue. Would you like to log in (Y/n)?  # ログインが必要なので Y を入力

Go to the following link in your browser:
```

注4　https://cloud.google.com/sdk/docs/?hl=ja

```
    https://accounts.google.com/o/oauth2/auth?code_challenge=1J1BXOuUZLLDrRIIiSZkzhPYv-
f0q6zCY75u14GY3EA&prompt=select_account&code_challenge_method=S256&access_type=offline&
redirect_uri=urn%3Aietf%3Awg%3Aoauth%3A2.0%3Aoob&response_type=code&client_id=325559405
59.apps.googleusercontent.com&scope=https%3A%2F%2Fwww.googleapis.com%2Fauth%2Fuserinfo.
email+https%3A%2F%2Fwww.googleapis.com%2Fauth%2Fcloud-platform+https%3A%2F%2Fwww.google
apis.com%2Fauth%2Fappengine.admin+https%3A%2F%2Fwww.googleapis.com%2Fauth%2Fcompute+htt
ps%3A%2F%2Fwww.googleapis.com%2Fauth%2Faccounts.reauth


Enter verification code: 4/rQFhor4ZYOHKtospaCX_ZvfIxN1dpTI6bsBlU3xoXQzmB6XZdRpPPaE
# ここで、GUIがある場合はブラウザが立ち上がります。
# GUIがないかブラウザが立ち上がらない場合は、少し上のURLをコピーして移動しましょう。
# Googleアカウントでログインすると権限を許可するか聞かれ、許可するとコードが表示されます。
# そのコードをコピー＆ペーストすることでユーザ認証が完了し、ログイン状態になります。


To take a quick anonymous survey, run:
  $ gcloud alpha survey

You are logged in as: [seno@cloud-ace.jp].

Pick cloud project to use:
 [1] ca-seno-project
 [2] Create a new project

Please enter numeric choice or text value (must exactly match list item):  1
# 最後に、操作するプロジェクトを選択します。

Your current project has been set to: [ca-seno-project].
```

またベータ版機能も利用しますから、次のコマンドを実行して有効化しておくとよいでしょう。

```
$ gcloud components install beta
```

他のコンポーネントが必要になった場合、gcloudコマンドは失敗しますが、その際に実行すべきコマンドを指示してくれます。指示されたコマンドを実行すれば、必要なコンポーネントをインストールできます。インストールが終わったら、もう一度同じコマンドを実行してみましょう。正常に実行できるはずです。

Column ▶ Cloud IAMについて

本章の最後に1つだけ、Cloud IAMについて解説します。正式名称は「Cloud Identity and Access Management」ですが、単に「IAM」と呼ばれることが多いです。本書でもそれにならって、IAMと表記します。IAMは、GCPの各コンテンツへのアクセス制御をつかさどっています。

これは平たく言えば、どのユーザがどのGCPプロダクトにアクセスできるかを定義するサービスです。大きく分けて**認証**と**認可**という2つの機能があります。認証は「誰が制御されるのか」を判別すること、認可は「何を許可するのか」を定義/適用することです。順に説明しましょう。

■ 認証

パスワードや秘密鍵ファイルをもとに、それがどこの誰なのかを判別するアクションです。IAMが認証するのは、Googleアカウントとサービスアカウントの2つです。これらをまとめて「IAMメンバー」と呼びます。Googleアカウントはその名の通り、この章で作成したGCPのログインにも利用しているアカウントですね。一方、サービスアカウントは、人ではなくプログラムに紐付けるアカウントです。「サービスアカウントキー」という認証ファイル（ほとんどの場合.jsonファイルです）を発行し、これをプログラムが利用して認証を行うことがよくあります。

■ 認可

ある人（またはモノ）について、どのような操作を許可するかを定義・制御するのが認可です。IAMの認可はとても粒度が細かくなっています。具体的には、読み取りのみ、書き込みのみの権限はもちろん、「GAEサービス停止権限のみ可能」なユーザも作成できるほどで、その総数は2500を超えます。各権限を単に「権限（permission）」と呼びますが、あまりにも多いので、よく一緒に使われる権限をまとめた「役割（role）」が定義されています。例えば「GAEのデプロイ担当者」「プロジェクトの編集者」などです。任意の役割をベースに権限を付与・削除して、カスタムした役割を作成することもできます。権限は直接割り当てられないので、必ず役割を利用しなければなりません。

最終的に、役割をIAMメンバーに割り当てることで機能します。場合によっては内部で利用するために自動的にアカウントが追加されます。例えば、先ほど実行した`gcloud init`コマンドの裏では、自身が正常にGCPを触れるように専用のサービスアカウントキーを発行してローカルPCに保存しています。

1.3.3 準備完了

これですべての準備が整いました。次の章から、具体的な事例やサンプルコードも織り交ぜつつ各コンテンツについて深掘りしていきます。ここで作成したGCPの環境を使って、ぜひ実際に実行しながら本書を読み進めていただければ幸いです。

さぁ、GCPの大海原へコンテナを載せて出港しましょう！

第2章 Google Container Registry

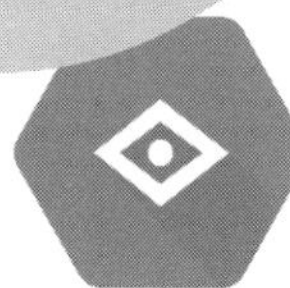

コンテナ開発を行う際は、作成したコンテナイメージの保存先を検討する必要があります。一般的にはDocker Hubを利用するケースが多いのですが、この章ではGCP上でコンテナ開発を行う場合のイメージ保存サービスであるGoogle Container Registryについて紹介します。

2.1 Google Container Registryとは

Google Container Registry（以降、GCR）は、GCP上でコンテナイメージを非公開で管理できるレジストリサービスです。Dockerイメージのみを対象としGCPのIAMを使って、Dockerイメージをpush/pullで制御可能なアカウントとして管理できます。

GCRは、Cloud Storageをバックエンドとして利用します。Cloud Storageは、GCPにデータを保存できるオンラインオブジェクトストレージサービスです。「バケット」と呼ばれる単位でデータ（オブジェクト）を保存でき、必要に応じてダウンロードやアップロードができます。後述しますが、GCRはこのCloud Storageのバケットにコンテナイメージを保存します。

GCRの料金は保存容量による従量課金制であり、月額0.026ドル/GBと比較的安い点が魅力の1つです。

2.2 Container Imageの形式

GCRでは保存するイメージ（Container Image）の形式を表2.2.1の形式を次のように定めています。*HOSTNAME*、*PROJECT_ID*、*IMAGE*、*TAG*の設定値は表2.2.1の通りです。

```
HOSTNAME/PROJECT_ID/IMAGE:TAG
```

表2.2.1　イメージ形式

値	設定値
HOSTNAME	イメージを保存するロケーション
PROJECT_ID	イメージを保存する対象となるGCPのプロジェクトID
IMAGE	コンテナのイメージ名
TAG	コンテナに付与するタグ

*HOSTNAME*には表2.2.2の4つのロケーションを指定できます。イメージはCloud Storageのバケットに保存され（バケットのクラスはデフォルトでMulti Regional）、*HOSTNAME*で指定した値によってバケットのリージョンが変わります。

表2.2.2　指定可能なロケーション

値	ロケーション	バケットのリージョン
gcr.io	米国	us
us.gcr.io	米国	us
eu.gcr.io	欧州	eu
asia.gcr.io	アジア	asia

2.3 GCRにイメージを保存

それでは、実際にコンテナイメージを作成して保存するまでを、コマンドラインやCloud Consoleから実行してみます。

Dockerfileとアプリケーションをもとにコンテナイメージを作成し、GCRに保存します。まず、Dockerfile（リスト2.3.1）と「Hello, world!」と返すサンプルアプリケーション（リスト2.3.2）を準備します。なお、ここではイメージの保存を試すだけなので、自前のDockerfileやアプリケーションを使用しても構いません。

ここではCloud Shellから操作しますが、DockerおよびCloud SDKがインストールされている環境であればそこから操作可能です。

リスト2.3.1　Dockerfile

```
FROM golang:1.8-alpine
ADD . /go/src/hello-world
RUN go install hello-world

FROM alpine:latest
COPY --from=0 /go/bin/hello-world .
ENV PORT 8080
CMD ["./hello-world"]
```

リスト2.3.2　main.go

```
package main

import (
  "fmt"
  "log"
  "net/http"
  "os"
)

func main() {
    port := "8080"
    if fromEnv := os.Getenv("PORT"); fromEnv != "" {
        port = fromEnv
    }
```

```
    server := http.NewServeMux()
    server.HandleFunc("/", hello)
    log.Printf("Server listening on port %s", port)
    log.Fatal(http.ListenAndServe(":"+port, server))
}

func hello(w http.ResponseWriter, r *http.Request) {
    log.Printf("Serving request: %s", r.URL.Path)
    host, _ := os.Hostname()
    fmt.Fprintf(w, "Hello, world!\n")
    fmt.Fprintf(w, "Version: 1.0.0\n")
    fmt.Fprintf(w, "Hostname: %s\n", host)
}
```


サンプルコードの準備ができたら、gcloudコマンドをDocker認証ヘルパーとして使用するために次のコマンドを実行します。

```
$ gcloud auth configure-docker
```

⚠ Warning

gcloud dockerコマンドで行う認証は、バージョン18.03以上のDockerクライアントに対してサポートされていません。バージョン18.03以上のDockerクライアントに対してgcloud dockerコマンドで認証をした場合、Dockerのパフォーマンスが低下する可能性があるので注意してください。

認証が終わったら、Dockerfileをもとにコンテナをビルドします。このサンプルでは、次の値で設定します。

- HOSTNAME：gcr.io
- PROJECT_ID：任意
- IMAGE：sample
- TAG：latest

```
$ docker build -f Dockerfile --tag=HOSTNAME/PROJECT_ID/IMAGE:TAG .
```

最後に、ビルドしたコンテナイメージをGCRにpushします。

```
$ docker push HOSTNAME/PROJECT_ID/IMAGE:TAG
```

ビルドしたコンテナイメージを、指定したプロジェクトのGCRにアップロードすることができました。念のためアップロードができているかCloud Consoleで確認します（図2.3.1）。

図2.3.1　イメージの確認

イメージが保存されていることを確認できましたね。これで、必要に応じてコンテナイメージのpush/pullが可能になりました[注1]。

pushしたコンテナイメージの一覧は、Cloud Consoleもしくはコマンドラインから確認することが可能です。Cloud Consoleの場合は、ナビゲーションメニュー「Container Registry」から図2.3.2のように確認できます。保存しているイメージのホスト名で絞り込めるので、複数のロケーションに対して多くのイメージを保存している場合でも比較的わかりやすく確認できます。

注1　コンテナイメージをpullする場合は、`docker pull`コマンドでpush時と同様の形式を指定します。

図2.3.2 Cloud Consoleから一覧確認

コマンドラインで一覧を取得する場合は、次のコマンドを実行します。

```
$ gcloud container images list

# 次のような出力があります
NAME
gcr.io/gcp-container-book-sample/sample
```

2.3.1 タグの管理

タグはイメージを作成する段階で作成しますが、GCRでは、既存のイメージに付与されているタグの削除や変更が可能です。それぞれ、次のコマンドで実行できます。

```
#タグの削除
$ gcloud container images untag HOSTNAME/PROJECT_ID/IMAGE:TAG
```

```
# タグの変更
$ gcloud container images add-tag \
HOSTNAME/PROJECT_ID/IMAGE:TAG \
HOSTNAME/PROJECT_ID/IMAGE:NEW_TAG
```

2.3.2 イメージの削除

GCRにpushしたイメージが不要になった場合、削除することができます。これには、次のコマンドを実行します。

```
$ gcloud container images delete HOSTNAME/PROJECT_ID/IMAGE:TAG
```

2.4 Cloud Storageとの関連性

前述したように、GCRに保存したイメージはCloud Storageのバケットに保存されます。そのため、GCRはCloud Storageと密接に関わりがあり、いくつかの設定はCloud Storageに依存しています。GCRに対して操作を行わない設定もあるため、ここでは関係のある2つの設定について説明していきます。

2.4.1 アクセス制御

GCRに対するアクセスを制御をするには、IAMでCloud Storageのバケットに対して役割を設定する必要があります。同じプロジェクトからpush/pullを実行する場合や、他のプロジェクトで実行されているKubernetesクラスタがGCRに対してpush/pullを実行する場合、もととなるCloud Storageのバケットに対して役割の付与を実施します。GCRの操作（push/pull）に必要となるのは、それぞれ次の役割です。

- push：ストレージ管理者
- pull：ストレージオブジェクト閲覧者

バケットに対して権限を付与するには`gsutil iam`コマンドを実行します。

```
$ gsutil iam ch TYPE:EMAIL_ADDRESS:objectViewer gs://BUCKET_NAME
```

- *TYPE*：`user`または`serviceAccount`（*EMAIL_ADDRESS*がGoogleアカウントかサービスアカウントによって変更）
- *EMAIL_ADDRESS*：権限を付与する任意のメールアドレス
- *BUCKET_NAME*：GCRのバケット名（以下のいずれか）
    - `artifacts.PROJECT_ID.appspot.com`
    - *REGION*`.artifacts.`*PROJECT_ID*`.appspot.com`

*BUCKET_NAME*の*REGION*には、表2.2.2に示した「バケットのリージョン」の値が入ります。例えばリージョンがasiaの場合、「`asia.artifacts.～`」となります。なお、ロケーションが

gcr.ioの場合のみ、*BUCKET_NAME*が「artifacts.*PROJECT_ID*.appspot.com」になります。

バケットに付与した権限を削除する場合は、gsutil iamコマンドに-dオプションを指定します。

```
$ gsutil iam ch -d TYPE:EMAIL_ADDRESS:objectViewer gs://BUCKET_NAME
```

2.4.2 一般公開設定

コンテナイメージを一般公開する場合、Cloud Consoleであればナビゲーションメニューの「Container Registry」で、コマンドラインからはgsutilコマンドで設定します。

まずgsutilコマンドでは次のように指定します。*BUCKET_NAME*は「2.4.1 アクセス制御」と同様に、イメージ作成時に使用した*HOSTNAME*によって名称が異なるので注意してください。

```
$ gsutil iam ch allUsers:objectViewer gs://BUCKET_NAME
```

続いて、Cloud Consoleからの設定方法について手順を紹介します。Cloud Consoleのナビゲーションメニューから「Container Registry」→「設定」の順番で選択します。すると図2.4.1のように、任意のホスト単位で一般公開か非公開か選択することが可能です。

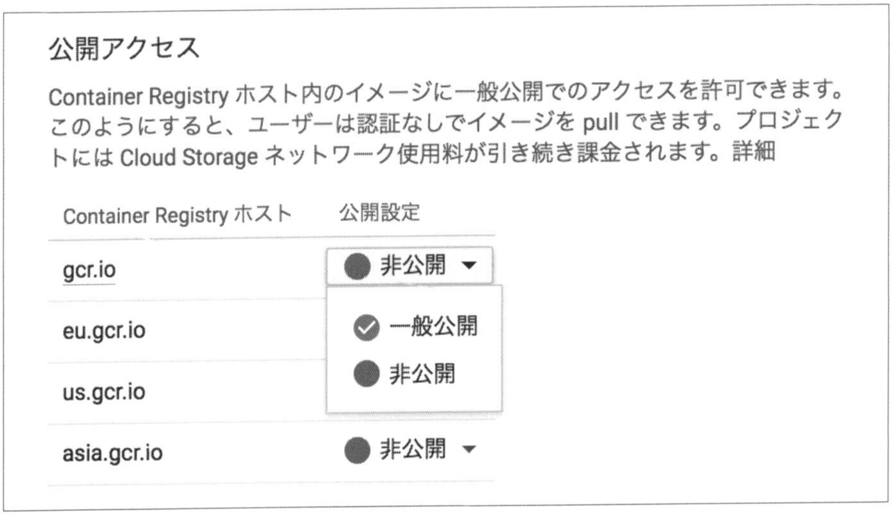

図2.4.1　公開設定

2.5 コンテナイメージの脆弱性スキャン

GCRには、保存しているコンテナイメージに対して、コンテナ内に脆弱性がないかを自動的に診断してくれる機能があります。この機能は「Container Analysis」と呼ばれています。使用するコンテナイメージでどういった脆弱性情報があるのかを自動的にスキャンし、メモとオカレンスとして表示してくれます。

- メモ
  メタデータ（コンテナイメージの脆弱性情報やビルド情報）の情報を記載したものです。コンテナイメージの分析中に作成され、分析中のコンテナイメージの脆弱性情報を確認できます。

- オカレンス
  コンテナイメージの分析中に見つかった脆弱性情報に対する修復方法や、脆弱性情報に該当するパッケージを記載したものです。メモが作成された時点で作成されます。

Container AnalysisはGCR内のイメージに対し、次の脆弱性スキャンを実施します。

- 初期スキャン
  GCR内に保存されているすべてのイメージに対する脆弱性スキャン。Container Analysis APIを初めて有効にした際に実行される

- 増分スキャン
  保存済みのイメージに対して、新しくアップロードした時点で実行される脆弱性スキャン

- 継続分析
  新しい脆弱性情報や更新された脆弱性情報を脆弱性ソースから取得した際に実行される脆弱性スキャン

Warning

Container Analysisは、過去30日間にpullされたイメージを対象として継続分析を行います。

> **⚠ Warning**
>
> Container Analysisは執筆時点（2019/10）ではベータ版機能になります。機能やサポートが予告なく変更される可能性がありますので注意してください。

2.5.1 スキャンでサポートするディストリビューション

脆弱性スキャンは、Linuxベースのイメージのみをサポートし、次のディストリビューションのCVE（Common Vulnerabilities and Exposures）のデータを取得します。

- Debian
  `https://security-tracker.debian.org/tracker`
- Ubuntu
  `https://launchpad.net/ubuntu-cve-tracker`
- Alpine
  `https://github.com/alpinelinux/alpine-secdb`
- Red Hat Enterprise、CentOS
  `https://www.redhat.com/security/data/metrics/`
- National Vulnerability Database
  `https://nvd.nist.gov/`

2.5.2 スキャンした時の重大度

スキャンした脆弱性については、CVSS（Common Vulnerability Scoring System）のデータをもとに重大度が定義されます。

- 重大
- 高
- 中

- 低
- 最小

また、脆弱性には次の2種類の重大度が関連付けらます。

- 有効な重大度：Linux ディストリビューションによって割り当てられる重大度
- CVSS スコア：The Common Vulnerability Scoring System スコアとそれに関連する重大度

2.5.3 スキャン実行アカウント

Container Analysisは、Container Analysisデフォルトサービスアカウントを使用して脆弱性スキャンを実施します。このアカウントは、Container Analysis APIを有効化した際に、該当のプロジェクトに対して自動的に発行されます。メールアドレスは次の形式です。

```
service-PROJECT_NUMBER@container-analysis.iam.gserviceaccount.com
```

また、Container Analysis APIを有効にすると、サービスアカウントが発行されると同時に、Container Analysisでイメージの脆弱性スキャンをするために、PubSubトピックに対して複数のサブスクリプションが自動的に作成されます。この自動的に作成されたトピックやサブスクリプションは、編集したり削除したりしないよう注意してください。編集したり削除したりしてしまった場合は、一度Container Analysis APIを無効にし、再度有効にすることで再作成されます。

サブスクリプションの形式は次の通りです。

```
projects/PROJECT_ID/subscriptions/gcr-analysis-SUBSCRIPTION_ID
```

2.5.4 Container Analysis APIの有効化

Container Analysis APIを有効化するのは簡単です。Cloud Consoleのナビゲーションメニューから「Container Registry」→「設定」の順番に選択します。

図2.5.1の「脆弱性スキャンを有効にする」を選択すれば、脆弱性スキャンが実施されるようになります。

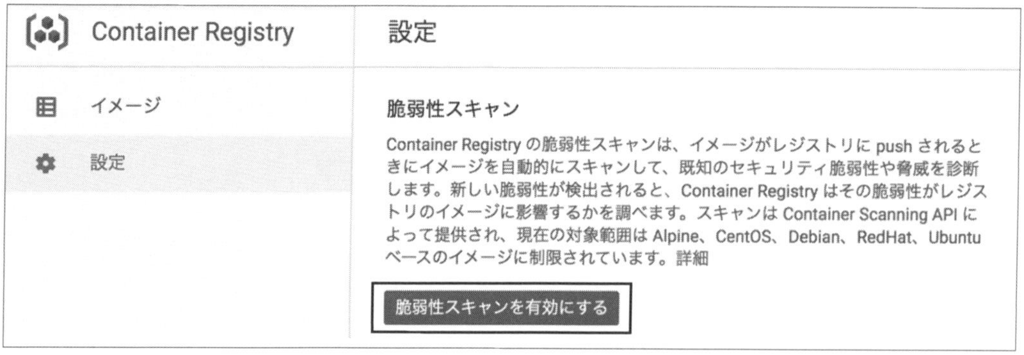

Container Registry

設定

イメージ

設定

脆弱性スキャン

Container Registry の脆弱性スキャンは、イメージがレジストリに push されるときにイメージを自動的にスキャンして、既知のセキュリティ脆弱性や脅威を診断します。新しい脆弱性が検出されると、Container Registry はその脆弱性がレジストリのイメージに影響するかを調べます。スキャンは Container Scanning API によって提供され、現在の対象範囲は Alpine、CentOS、Debian、RedHat、Ubuntu ベースのイメージに制限されています。詳細

脆弱性スキャンを有効にする

図2.5.1　Container Analysis APIの有効化

2.5.5 マネージドベースイメージ

マネージドベースイメージは、CVEのデータに基づいて、脆弱性に対する最新のパッチが当てられたイメージを提供するコンテナイメージです。Googleによって管理されています。

次の4つのディストリビューションに対するイメージが管理されており、Marketplaceで提供されています。GitHub上に公開されているので、Marketplace経由ではなく、GitHubリポジトリから直接pullしても構いません。これらのベースイメージは、対応するOSディストリビューションのライフサイクルが適用され、少なくとも月に1回は自動的にパッチの適用、公開がされます。

- CentOS
  - Marketplace：marketplace.gcr.io/google/centos7
  - GitHub：`https://github.com/GoogleContainerTools/base-images-docker/tree/master/centos7`
- Debian 9 Stretch
  - Marketplace：marketplace.gcr.io/google/debian9
  - GitHub：`https://github.com/GoogleContainerTools/base-images-docker/tree/master/debian`
- Ubuntu 16.04
  - Marketplace：marketplace.gcr.io/google/ubuntu1604
  - GitHub：`https://github.com/GoogleContainerTools/base-images-docker/tree/master/ubuntu`

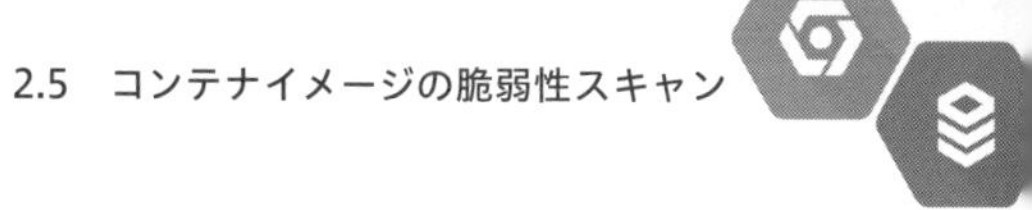

- Ubuntu 18.04
    - Marketplace：marketplace.gcr.io/google/ubuntu1804
    - GitHub：`https://github.com/GoogleContainerTools/base-images-docker/tree/master/ubuntu`

2.6 まとめ

この章では、イメージを保存するGCPにおいてイメージを保存するサービスであるGoogle Container Registry（GCR）について説明しました。コストが低くプライベートなコンテナ保存先として手軽に利用できるだけでなく、脆弱性スキャンの機能を使ってコンテナを常に最新の状態に維持することも可能です。

GCPと関係ないところからpull/pushすることも可能なので、GCP上でサービスを構築しない場合においても、コンテナイメージの保存先として利用できるのではないでしょうか。

次の章では、コンテナイメージを使用したCI/CDを実装するGCPのマネージドビルドサービスCloud Buildを紹介します。

第3章

Cloud Build

アジャイルでアプリケーション開発をする際、デプロイやテストが一度で完了することは、まずないでしょう。デプロイ、テスト、修正のプロセスを頻繁に実施します。コンテナ開発でも同様で、頻繁にビルドやランのコマンドを実行します。想定通りに動くまでに、多くの時間をデプロイコマンドの実行に費やすこととなります。

この作業を自動で実行し、手動で実行することによるコストを抑える方法として注目されているのがCI/CDです。この章では、GCPで提供されているフルマネージドのCI/CDサービスであるCloud Buildについて紹介します。

3.1 Cloud BuildはGCPのCI/CDサービス

Cloud BuildはGCPのCI/CDサービスです。CI/CDは、「Continuous Integration」と「Continuous Delivery」の略であり、日本語に訳せば「継続的インテグレーション」と「継続的デリバリー」になります。これは簡単に言うと「テストやリリース、ビルドの自動化」です。

アジャイル開発などのスピードを重視する開発手法の場合、修正→テスト→リリース という一連の作業を複数回実行します。CI/CDでは、コードを修正したら自動的に今まで行っていたテストフローを実行し、実行環境へ反映させるということが可能になり、開発の速度を向上できます。

このCI/CDをクラウドサービスと連携させると、本番環境へのデプロイはさらに簡単になります。デプロイが早く、細かく行えるため、修正に伴うバグの発見が早くなり、必然的にアプリケーションの品質は向上します。リリースの一部をCI/CDツールに任せることにより、利用者側はこういった多くのメリットを得られます。

前述したようにCloud BuildはGCPのCI/CDサービスであるため、他のGCPサービスとの親和性も高く、Cloud Build APIを有効化してトリガーを作成するだけで簡単に自動化が実現できます。フルマネージドのサービスであり、1分あたりの料金も0.003ドルととても安く、1日あたり120分までは無料なので（n1-standard-1の場合）、GCPネイティブなサービスのリリース/テストフローの自動化を行う場合は非常に強力なサービスです。

また、ビルドを実行するマシンのマシンタイプは複数提供されており、マシンタイプを高くすることでビルドの速度向上が見込めます。Cloud Buildが提供するマシンタイプを表3.1.1に示します。

表3.1.1　Cloud Buildのマシンタイプ

マシンタイプ	仮想CPU	料金
n1-standard-1	1	$0.003/ビルド/min（最初の120分は無料）
n1-standard-8	8	$0.016/ビルド/min
n1-standard-32	32	$0.064/ビルド/min

Cloud BuildでCI/CDを構築する場合、大きく分けて次の3つが必要になります。

- Gitリポジトリ
- Cloud Buildトリガー
- cloudbuild.yaml

以降では、これらについてそれぞれ説明した上で、簡単なサンプルとしてGCRとGoogle Kubernetes Engine（GKE）を使ってイメージの更新とビルドの自動化を実装します。

3.2 Cloud Buildで利用可能なコードホスティングサービス

まず、Cloud Buildの機能を説明する前に、Cloud Buildを利用する際の選択肢となるコードホスティングサービスを紹介します。現在、Cloud Buildは次の3つのサービスに対応しています。

- Cloud Source Repositories
- GitHub
- Bitbucket

Cloud Buildは、これらのサービスの任意のブランチ/タグへのpushをトリガーとして動作します。

ここでは、GCPが提供するリポジトリサービスであるCloud Source Repositories（以下CSR）について、簡単に説明します。CSRは、GCP上で管理可能なプライベートGitリポジトリサービスです。プロジェクト内で自由にプライベートなリポジトリ空間を作成でき、IAMによりアクセスが制御されます。また、ACLを設定すれば細かなアクセス制御も可能です。

では、CSRのリポジトリを利用してみましょう。CSRでは外部のホスティングサービス（GitHub、Bitbucket）とのミラーリングが可能ですが、ここでは単体のリポジトリを作成します。

リポジトリの作成、削除、クローンのコマンドはそれぞれ次の通りです。

```
# リポジトリの作成
$ gcloud source repos create REPOSITORY_NAME

# リポジトリの削除
$ gcloud source repos delete REPOSITORY_NAME

# リポジトリのクローン
$ gcloud source repos clone REPOSITORY_NAME
```

リポジトリの作成時に「Cloud Source Repositories API」を有効化していないと、次のようにAPIを有効にするかどうか確認されます。このように表示された場合は、「y」を選択してAPIを有効化してください。

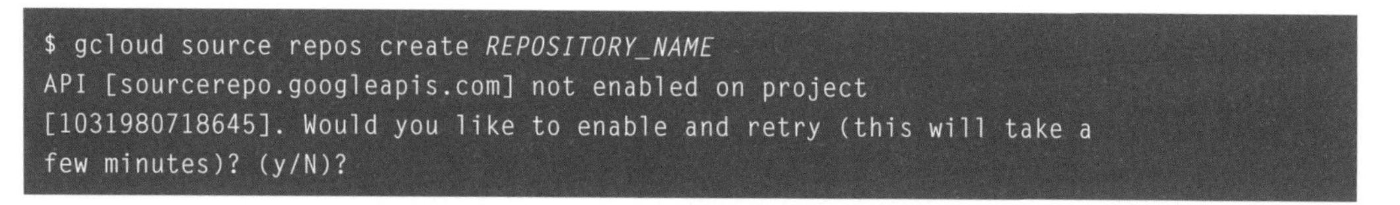

```
$ gcloud source repos create REPOSITORY_NAME
API [sourcerepo.googleapis.com] not enabled on project
[1031980718645]. Would you like to enable and retry (this will take a
few minutes)? (y/N)?
```

実際にリポジトリを作成するコマンドを実行して、Cloud Consoleから確認してみましょう。ここでは「sample-repository」という名前を指定してリポジトリを作成しました。コマンドの実行が完了したら、Cloud Consoleのナビゲーションメニューから「Source Repositories」を選択します。図3.2.1のように、作成したリポジトリが存在することを確認しましょう。

図3.2.1　リポジトリの確認

リポジトリの存在を確認できたら、ローカルにGitリポジトリをクローンしてみましょう。これにはCloud SDKを用いると便利です。まずCloud Consoleでクローンしたいリポジトリの画面を開き、認証の方法を「Google Cloud SDK」に設定します。

画面上に次のコマンドが表示されるので、クローンしたいローカルのマシンですべてのコマンドを実行します。

```
# Cloud SDKの認証
$ gcloud init

# ローカルにGitリポジトリをクローン
$ gcloud source repos clone REPOSITORY_NAME --project=PROJECT_ID
```

```
# クローンしたリポジトリのディレクトリへ移動
$ cd REPOSITORY_NAME

# ローカルのGitリポジトリに対して空コミット
$ git commit --allow-empty -m "first commit"

# リモートリポジトリにコミットをpush
$ git push origin master
```

すべて実行すると、対象となるリポジトリでコミットログやソースコードの閲覧が可能になります。

図3.2.2　リポジトリ画面

これでリポジトリのクローンをローカルに作成できました。

3.3 Cloud Buildトリガー

続いて、Cloud Buildを動作させるための基準を定義するビルドトリガーを作成します。

Cloud Buildを動作させるには、どのリポジトリのどのブランチ/タグに対してpushがあった場合に実行するかを指定し、どのファイルを実行するかも定義する必要があります。これらはすべて、ビルドトリガーを作成するタイミングで指定します。

図3.3.1のように、Cloud Consoleのナビゲーションメニューから「Cloud Build」→「トリガー」の順番で選択します。

図3.3.1　トリガーの作成

画面上部にある「トリガーを作成」をクリックし、画面に従って設定していきます。

最初に、リポジトリ、名前、説明の部分を設定します。今回はリポジトリにCSRを設定します。

表3.3.1　トリガーの設定値(リポジトリと名前の設定)

設定	値
リポジトリ	CSR、GitHub、Bitbucketいずれかのリポジトリ
名前	プロジェクト内で一意な任意の名前
説明	トリガーの説明

続いて、トリガータイプとフィルタの設定をします。

表3.3.2　トリガーの設定値2(トリガータイプとフィルタの設定)

設定	値
トリガーのタイプ	ブランチ、タグのどちらに対してpushされた場合に実行するかを指定
含まれるファイルフィルタ (glob)	Cloud Buildの実行トリガーとするファイル名 (省略可)
無視されるファイルフィルタ (glob)	Cloud Buildの実行トリガーとしないファイル名 (省略可)

トリガーの設定が終わったら、Cloud Buildが実行する際に参照するビルド設定ファイルを選択します。

表3.3.3　トリガーの設定値3(ビルド設定ファイルの選択)

設定	値
ビルド設定	Cloud Build実行時にDockerfile、Cloud Build構成ファイルのどちらを参照するかを指定

Dockerfileを選択した場合は、表3.3.4の設定を行います。

表3.3.4　Dockerfileの設定値

設定	値
Dockerfileのディレクトリ	Dockerfileが配置されているパス
Dockerfileの名前	Dockerfile名

設定	値
イメージ名	Dockerfileをもとに作成したコンテナイメージ名
タイムアウト	1つのトリガーで実行するビルドの最大実行時間（省略可。デフォルトでは10分）

Cloud Build構成ファイル（yamlまたはjson）を選択した場合は、表3.3.5の設定を行います。

表3.3.5 Cloud Build構成ファイルの設定値

設定	値
Cloud Build構成ファイルの場所	Cloud Build構成ファイルが配置されているパス
代入変数	Cloud Build構成ファイルの環境変数をkey:valueで定義（省略可）

設定をすべて終えたら、画面下部の「トリガーを作成」をクリックします。図3.3.2のように作成したトリガーがCloud Console上に表示されれば作成完了です。

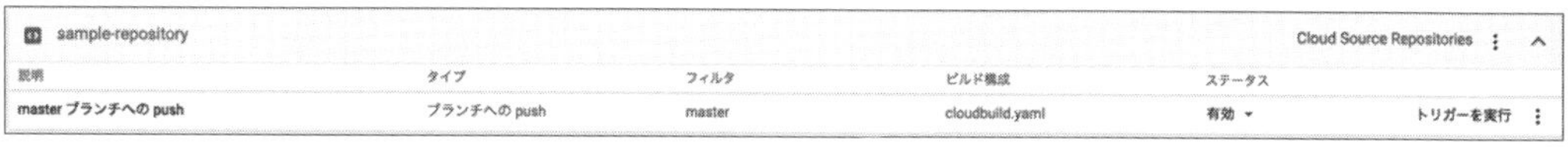

説明	タイプ	フィルタ	ビルド構成	ステータス	
master ブランチへの push	ブランチへの push	master	cloudbuild.yaml	有効	トリガーを実行

図3.3.2 トリガー

3.4 Cloud Build構成ファイル

続いて、Cloud Build構成ファイルについて説明していきます。

トリガー作成時に設定した「ビルド設定」では、DockerfileかCloud Build構成ファイルを選択できました。Dockerfileの場合、指定したDockerfileをもとにCloud Buildが動作してコンテナイメージを作成し、それをGCRにpushするという挙動になります。一方、Cloud Build構成ファイルの場合は、通称「cloudbuild.yaml」(yamlまたはjson）の内容に記載されたビルドのステップが順番に実行されます。コンテナイメージの作成やpushだけでなく、アプリケーションのビルドやテストが実行可能です。

そのため、Cloud Build構成ファイルを利用したトリガーの方が、開発者が行いたいことを柔軟に実行できます。Cloud Build構成ファイルの構造をリスト3.4.1に示します。

リスト3.4.1　Cloud Build構成ファイルの構造

```
steps:
- name: string
  args: [string, string, ...]
  env: [string, string, ...]
  dir: string
  id: string
  waitFor: string
  entrypoint: string
  secretEnv: [string, string, ...]
  volumes: object(Volume)
  timeout: string (Duration format)
timeout: string (Duration format)
logsBucket: string
options:
  machineType: enum(MachineType)
  diskSizeGb: string (int64 format)
substitutions: map (key: string, value: string)
tags: [string, string, ...]
secrets: object(Secret)
images:
- [string, string, ...]
artifacts:
  objects:
    location: string
    paths: [string, string, ...]
```

Cloud Build構成ファイルの構造について説明していきます。

まず、Cloud Buildのビルドステップを定義するためのstepsフィールドを説明します。stepsフィールドにはビルドステップを指定します。複数のビルドステップを指定することも可能です。各ビルドステップには表3.4.1のフィールドを指定でき、これによりCI/CDで実行するコマンドやコマンドを実行する環境を定めます。

表3.4.1　stepsフィールド内の値

フィールド	説明
steps/name	GCRに保存されたイメージやDocker Hubに保存されたイメージを指定します。そのコンテナ上でコマンドを実行します。
steps/args	nameフィールドで指定したコンテナに対する引数を指定します。これにより、コンテナでサポートされている（entrypointフィールドに設定されている）コマンドを実行できます。
steps/env	ビルドステップ実行時に使用される環境変数を指定できます。KEY=VALUEという形式で環境変数とその値を指定します。
steps/dir	ビルドステップ実行時に使用される作業ディレクトリを指定できます。デフォルトではCloud Buildは/workspaceを作業ディレクトリとして使用します。
steps/timeout	ビルドステップ実行時の制限時間を秒単位で指定します。このフィールドを設定しない場合、ビルドステップが正常に終了するか、ビルド自体がタイムアウトするまで実行されます。
steps/id	ビルドステップに対して一意の識別子を設定するために使用します。waitForフィールドと組み合わせて使用します。
steps/waitFor	ビルドステップは通常、上から順番に実行されますが、このフィールドを使用すると実行する順番を制御できます。idフィールドと組み合わせて使用します。
steps/entrypoint	コンテナのデフォルトのエントリポイントを使用しない場合、このフィールドによってエントリポイントを指定できます。
steps/secretEnv	秘匿情報を環境変数に設定する場合に、Cloud KMS[注1]と連携し、暗号化したファイルや文字列を復号した状態で環境変数に設定します。ビルドのsecretsフィールドと合わせて使用します。

注1　Cloud KMSは、ファイルや文字列を暗号化/復号するGCPサービスです。IAMで暗号化できるアカウント、復号できるアカウントを制御できます。

フィールド	説明
steps/volumes	ビルドステップで実行、作成されたファイルは、永続ボリュームを使用しないと後続のビルドステップには引き継がれません。Cloud Buildではworkspaceボリュームが自動的にマウントされますが、volumesフィールドを使うと追加の永続ボリュームを指定できます。永続ボリュームを利用すると、あるビルドステップで作成されたファイルを後続のビルドステップに引き継ぐことが可能になります。
steps/volumes/name	マウントするボリュームの名前です。ファイルを引き継ぎたい後続のビルドステップでも同じ値を設定します。
steps/volumes/path	マウントするボリュームのパスを設定します。ファイルを引き継ぎたい後続のビルドステップでも同じ値を設定します。

ビルド全体に設定するフィールドもあります。表3.4.2のフィールドは、設定するとすべてのビルド全体に対して設定されます。

表3.4.2　その他のフィールド

フィールド	説明
timeout	ビルドステップのtimeoutとは異なり、ビルド全体の制限時間を秒単位で設定します。最大で24時間まで設定でき、デフォルトでは10分でタイムアウトになります。
logsBucket	ビルドの実行ログを書き込むバケットを指定できます。
options	ビルドを実行するCloud Buildのマシンタイプや、リクエストするディスクサイズなど、複数のオプションを指定できます。詳しくは「ビルド構成の概要」注2を参照してください。
substitutions	Cloud Build構成ファイル内で置き換える変数の値を設定できます。
tags	ビルドをグループ化する場合や、タグをフィルタで使用する場合に指定します。
secrets	Cloud KMSで暗号化された値を含む環境変数の集合で、Cloud KMSの復号鍵を指定します。ビルド実行時に、secrets/kmsKeyNameフィールドに指定された鍵を使ってsecrets/secretEnvフィールドの値を復号し、復号されたファイルや文字列をsteps/secretEnvフィールドに格納します。

注2　https://cloud.google.com/cloud-build/docs/build-config?hl=ja#options

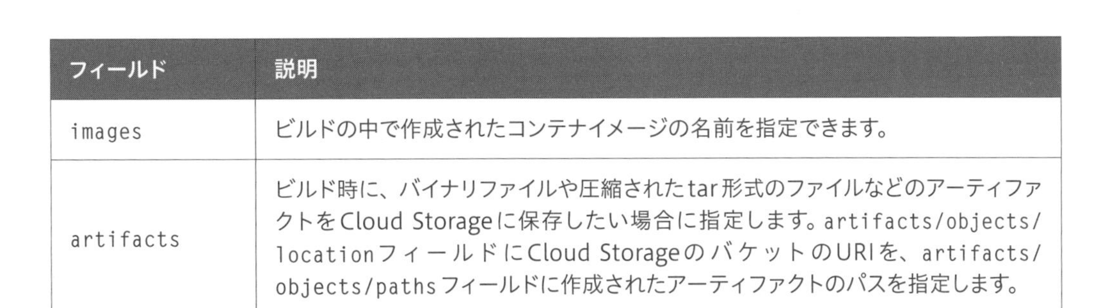

フィールド	説明
images	ビルドの中で作成されたコンテナイメージの名前を指定できます。
artifacts	ビルド時に、バイナリファイルや圧縮されたtar形式のファイルなどのアーティファクトをCloud Storageに保存したい場合に指定します。artifacts/objects/locationフィールドにCloud StorageのバケットのURIを、artifacts/objects/pathsフィールドに作成されたアーティファクトのパスを指定します。

3.4.1 クラウドビルダー

クラウドビルダーはGoogle CloudがCloud Build向けに管理・提供しているコンテナイメージであり、一般的な言語やツールがインストールされています。クラウドビルダーでサポートされているコンテナイメージであれば、自前でコンテナイメージを作成しなくてもCloud Buildで利用可能です。

ステップ実行時にgcloudコマンドやgitコマンドを使用する場合は、サポートされているイメージを利用するのがお勧めです。表3.4.3にCloud Buildにサポートされているイメージの一部を示します。なお、Cloud Buildでサポートされているすべてのイメージは、GCPのGitHubリポジトリ[注3]で確認できます。興味のある方は参照してみてください。

表3.4.3 Cloud Buildにサポートされているコンテナイメージ

イメージ	名前
bazel	gcr.io/cloud-builders/bazel
docker	gcr.io/cloud-builders/docker
git	gcr.io/cloud-builders/git
go	gcr.io/cloud-builders/go
gcloud	gcr.io/cloud-builders/gcloud
gradle	gcr.io/cloud-builders/gradle
maven	gcr.io/cloud-builders/mvn
kubectl	gcr.io/cloud-builders/kubectl

注3 https://github.com/GoogleCloudPlatform/cloud-builders

イメージ	名前
npm	gcr.io/cloud-builders/npm

次のようにnameフィールドで指定して利用します。

```
steps:
- name: gcr.io/cloud-builders/gcloud
  args: ['container', 'clusters', 'create', 'sample']
  id: gcloud container clusters create
```

3.5 Cloud BuildでCI/CD基盤構築

ここまでの説明で、Cloud Buildに必要な最低限の情報を紹介しました。

一連の作業をイメージしやすくするために、トリガーとyamlファイルを作成し、CI/CDを構築してみましょう。使用するGCPのサービスはCloud Build、GCR、GKEです。全体の関連図は図3.5.1を参照してください。

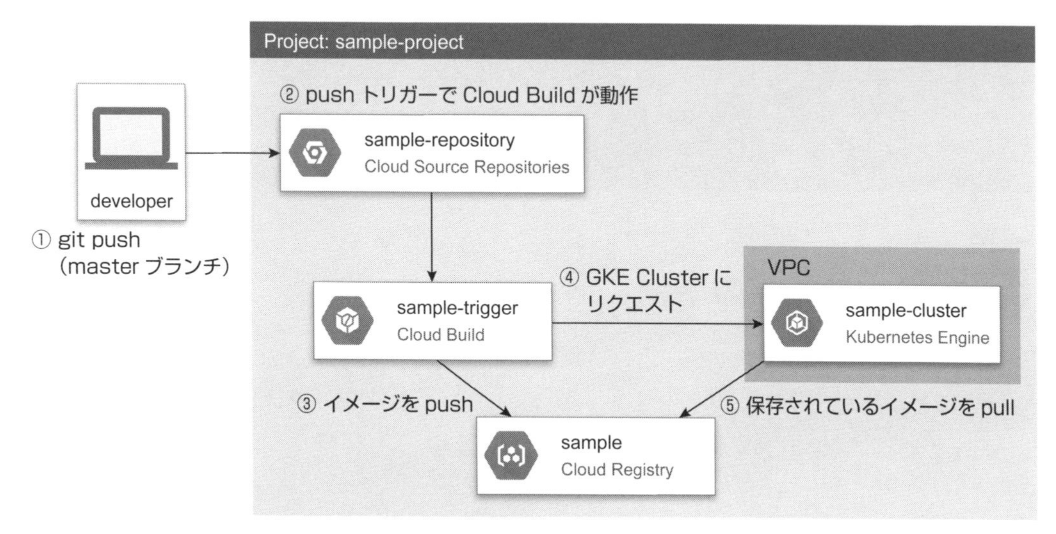

図3.5.1　全体図

サンプルアプリケーションとコンテナイメージとしては、GCP公式ドキュメントのコード注4を利用します。

以降のファイルに記載されている*PROJECT_ID*や*IMAGE_NAME*、*TAG_NAME*、*CLUSTER_NAME*は、ご自身の環境に合わせて設定してください。

3.5.1 CSRリポジトリ作成

まずはリポジトリを作成しましょう。ここではCSRのリポジトリを使用しますが、GitHubやBitbucketのリポジトリでも構いません。

注4　https://cloud.google.com/kubernetes-engine/docs/quickstart?hl=ja#code_review

以降ではファイル作成やコマンド実行をCloud Shell上で行います。Cloud Shellを起動して、次のコマンドを実行してください。サンプルとして、「cloud-build-sample」という名前のリポジトリを作成します。

プロジェクトを指定するコマンドでは、適宜ご自身が利用されているプロジェクトに置き換えてください。

```
# CSRのリポジトリ作成
$ gcloud source repos create cloud-build-sample

# クローン
$ gcloud source repos clone cloud-build-sample --project=PROJECT_ID

# 空コミット
$ git commit --allow-empty -m "initial commit"

# masterブランチへpush
$ git push origin master
```

3.5.2 コンテナの準備

続いてアプリケーション（リスト3.5.1）とDockerfile（リスト3.5.2）を作成します。これらは先ほど示したGCP公式ドキュメントのコードです。HTTPリクエストを行うと「Hello, world!」と返ってくるシンプルなWebサーバになります。

リスト3.5.1 hello-app/main.go

```
# main.go
package main

import (
    "fmt"
    "log"
    "net/http"
    "os"
)

func main() {
    port := "8080"
    if fromEnv := os.Getenv("PORT"); fromEnv != "" {
        port = fromEnv
    }
```

```
    server := http.NewServeMux()
    server.HandleFunc("/", hello)
    log.Printf("Server listening on port %s", port)
    log.Fatal(http.ListenAndServe(":"+port, server))
}

func hello(w http.ResponseWriter, r *http.Request) {
    log.Printf("Serving request: %s", r.URL.Path)
    host, _ := os.Hostname()
    fmt.Fprintf(w, "Hello, world!\n")
    fmt.Fprintf(w, "Version: 1.0.0\n")
    fmt.Fprintf(w, "Hostname: %s\n", host)
}
```


リスト3.5.2　hello-app/Dockerfile

```
FROM golang:1.8-alpine
ADD . /go/src/hello-app
RUN go install hello-app

FROM alpine:latest
COPY --from=0 /go/bin/hello-app .
ENV PORT 8080
CMD ["./hello-app"]
```

3.5.3 GKEのクラスタとマニフェストファイルの作成

アプリケーション実行環境であるGKEのクラスタとマニフェストファイルも作成します。GKEについては第5章で詳しく紹介するので、ここでは説明は割愛します。

```
# GKEのクラスタ作成
$ gcloud container clusters create CLUSTER_NAME \
--num-nodes=3 \
--zone=asia-northeast1-c \
--preemptible
```

マニフェストファイルをリスト3.5.3に示します。なお、*NAME*は適宜共通の名称に変更してください。

リスト3.5.3　k8s-sample.yaml

```
apiVersion: apps/v1
kind: Deployment
metadata:
  name: NAME
spec:
  selector:
    matchLabels:
      app: NAME
  replicas: 1
  template:
    metadata:
      labels:
        app: NAME
    spec:
      containers:
      - name: NAME
        # cloudbuild.yamlでpushするコンテナイメージ名を指定
        image: gcr.io/PROJECT_ID/IMAGE_NAME:TAG_NAME
        resources:
          requests:
            cpu: 100m
            memory: 100Mi
        ports:
        - containerPort: 8080
---
kind: Service
apiVersion: v1
metadata:
  name: NAME
spec:
  type: LoadBalancer
  selector:
    app: NAME
  ports:
  - name: http
    port: 8080
    targetPort: 8080
```

3.5.4 Cloud Build構成ファイル作成

続いて、Cloud Build構成ファイル（リスト3.5.4）を作成します。

リスト3.5.4 cloudbuild.yaml

```
steps:
- name: 'gcr.io/cloud-builders/docker'
  args: [ 'build', '-t', 'gcr.io/PROJECT_ID/IMAGE_NAME:TAG_NAME', '.' ] # 変更
  id: docker build
- name: 'gcr.io/cloud-builders/docker'
  args: [ 'push' ,'gcr.io/PROJECT_ID/IMAGE_NAME:TAG_NAME' ] # 変更
  id: docker push
- name: 'gcr.io/cloud-builders/gcloud'
  args: [ 'container', 'clusters', 'get-credentials', 'CLUSTER_NAME', '--zone', ↵
'asia-northeast1-c', '--project', 'PROJECT_ID' ] # 変更
  id: gcloud container clusters get-credentials
- name: 'gcr.io/cloud-builders/kubectl'
  args: [ 'apply', '-f', 'k8s-sample.yaml' ]
  id: kubectl apply
```

このcloudbuild.yamlに記載されたサンプルのビルドステップでは、次のビルドを実行するよう定義しています。

① ルートディレクトリにあるDockerfileからコンテナイメージを作成
② 作成したコンテナイメージをGCRにpush
③ 作成したKubernetesクラスタにリクエストするように認証
④ GKEにマニフェストファイルをアップロード

3.5.5 Cloud Buildトリガー作成

最後にCloud Buildのトリガーを作成します。ここでは図3.5.2のように設定しました。

図3.5.2　トリガーの作成

3.5.6 Cloud Buildを実行する

必要な設定はすべて完了しました。それでは、リポジトリに対してpushを実行しましょう。トリガーはmasterブランチへのpushで動作するよう設定されていますので、作成したファイルを実際にpushします。

```
$ git add .
$ git commit -m "cloud build test"
$ git push origin master
```

pushが完了したら、Cloud Buildが動作しているか確認しましょう。

Cloud Consoleのナビゲーションメニューから図3.5.3のように「Cloud Build」→「履歴」の順番で選択します。

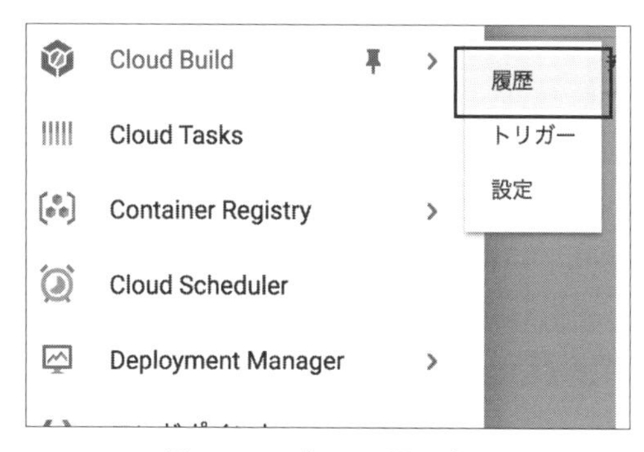

図3.5.3　ビルドの履歴確認

図3.5.4を見るとどうやら失敗しているようです。原因を調査してみましょう。

Google Cloud Platform　gcp-container-book-sample

Cloud Build　ビルド履歴　更新

履歴
トリガー
設定

ビルドをフィルタリング

公開	転送元	Git commit	トリガーの名前	トリガー
2ef0eff6-6381...	Cloud Source Repositories cloud-build-sample	1ac1653	master ブランチへのpush で動作	master ブランチへの push

図3.5.4　ビルド履歴

Cloud Buildはビルドの実行ログを出力しています。対象となるビルド履歴を選択して、どういったログが出ているか確認してみましょう。

ここでは図3.5.5のようなログが出ていることを確認できます。403エラーなので、権限が足りない可能性があります。

図3.5.5　ビルドログ詳細

3.5.7 IAMの役割付与

権限のエラーが発生する場合は、まずはIAMの設定を確認しましょう。Cloud Consoleのナビゲーションメニューから「IAMと管理」→「IAM」を選択し、IAMの設定画面に移動します。

Cloud Buildが使用するサービスアカウントは、～`@cloudbuild.gserviceaccount.com`というアカウントです。「cloudbuild.gserviceaccount.com」を検索すると、図3.5.6のように「Cloud Buildサービス アカウント」という役割が付与されています。

図3.5.6　役割の確認

この役割を見ると、Cloud Storageに対する権限とPubSubに対する権限しか持たないことがわかります。GKEに対する権限を付与するために、サービスアカウントに「Kubernetes Engine開発者」の役割を付与します。

再度ビルドを実行するには図3.5.7の「再試行」をクリックします。

図3.5.7　再試行

図3.5.8のように、ビルドが無事完了します。

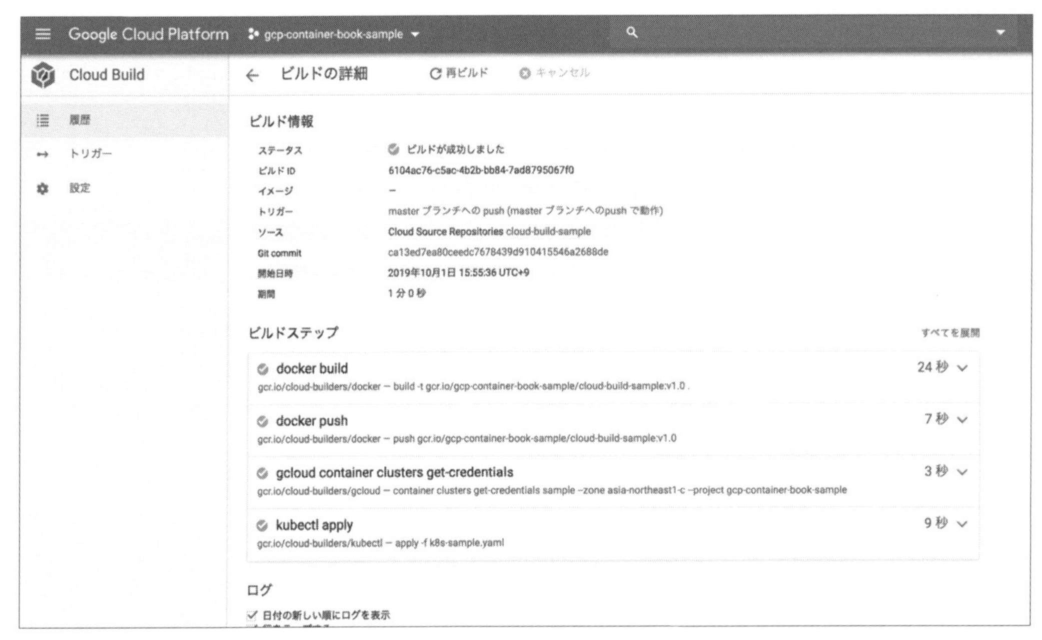

図3.5.8　ビルド履歴

最後に、作成したアプリケーションに対してリクエストを実行します。次のコマンドを実行してください。

```
$ kubectl get service
NAME         TYPE           CLUSTER-IP     EXTERNAL-IP   PORT(S)          AGE
kubernetes   ClusterIP      10.55.240.1    <none>        443/TCP          4h2m
sample       LoadBalancer   10.55.245.59   34.*.*.*   8080:30282/TCP   22m
```

出力されたEXTERNAL-IPのIPアドレスを、ブラウザからポート8080で開きます。

```
http://EXTERNAL-IP:8080
```

「Hello, world!」と出力されるページが表示されれば完了です。アプリケーションのコードやDockerfileを修正する際も、リポジトリへpushすれば自動的にビルドからGKEへのアプライまで実行する環境ができました。

3.5.8 ローカルでのビルドテスト

内容を修正するたびにビルドトリガーを実行する必要はありません。LinuxかmacOSの場合は、Cloud Build上でビルドを実行する前に、構成ファイルの検証やビルドをローカル環境でテストできます。ローカルでテストを実行する際は、まず次のコマンドを実行して環境構築を行います。

```
# cloud-build-localをインストール
$ gcloud components install cloud-build-local
```

インストールが完了すると、cloud-build-localコマンドを実行できるようになります。

```
$ cloud-build-local --config=cloudbuild.yaml [--substitutions=_FOO=bar]
[--dryrun=true/false] [--push=true/false] [--bind-mount-source=true/false] source
```

例えば次のように実行します。

```
$ cloud-build-local --config=cloudbuild.yaml --dryrun=false .
2019/12/14 01:48:13 RUNNER - [docker ps -a -q --filter name=step_[0-9]+|cloudbuild_|metadata]
2019/12/14 01:48:13 RUNNER - [docker network ls -q --filter name=cloudbuild]
2019/12/14 01:48:13 RUNNER - [docker volume ls -q --filter name=homevol|cloudbuild_]
...（中略）
Finished Step #2
2019/12/14 01:48:15 Step Step #2 finished
2019/12/14 01:48:15 RUNNER - [docker rm -f step_0 step_1 step_2]
2019/12/14 01:48:15 status changed to "DONE"
DONE
```

3.6 まとめ

この章では、CI/CDツールであるCloud Buildについて紹介しました。

Cloud Buildは、GCP上でコンテナ開発を行う際に利用される頻度が高いサービスとなっています。ビルドの自動化により、本来発生するはずの時間を大幅に短縮し、開発作業に集中することができます。

Cloud KMSによって暗号化したファイルを復号してコンテナの中に含めたり、作成したファイルを後続のステップに引き継がせてビルドを実行したりと、デプロイ方法に合わせて柔軟に設定できるので、ぜひ利用してみてください。

次の章では、コンテナを管理するための宣言的なコンテナオーケストレーションツールであるKubernetesについて説明します。

第4章 Kubernetes

この章ではコンテナを運用するためのツールであるKubernetesについて紹介します。

第5章で扱うGoogle Kubernetes Engineの前提となるので、Kubernetesのことをまだ知らない、または改めて復習したいという方は、この章の内容をしっかり押さえておきましょう。

Kubernetesに触れたことがない場合は、ローカル環境でKubernetesを検証できるツールMinikubeを使って、手を動かしながら読み進めることをお勧めします。

4.1 コンテナの概要

Kubernetesの紹介に入る前に、まずはコンテナの概要について簡単におさらいしておきます。

コンテナは仮想化の技術の1つです。皆さんがご存知のDockerは、コンテナ技術の代表的なオープンソースソフトウェアですね。

コンテナは仮想マシン（VM）とよく比較されます。コンテナにはVMと同じように、ランタイム、ライブラリ、アプリケーションが含まれており、他のコンテナとはリソースが分離された独立した環境を提供します。VMと異なるのは、コンテナはホストOSのカーネルを利用する点です（図4.1.1）。

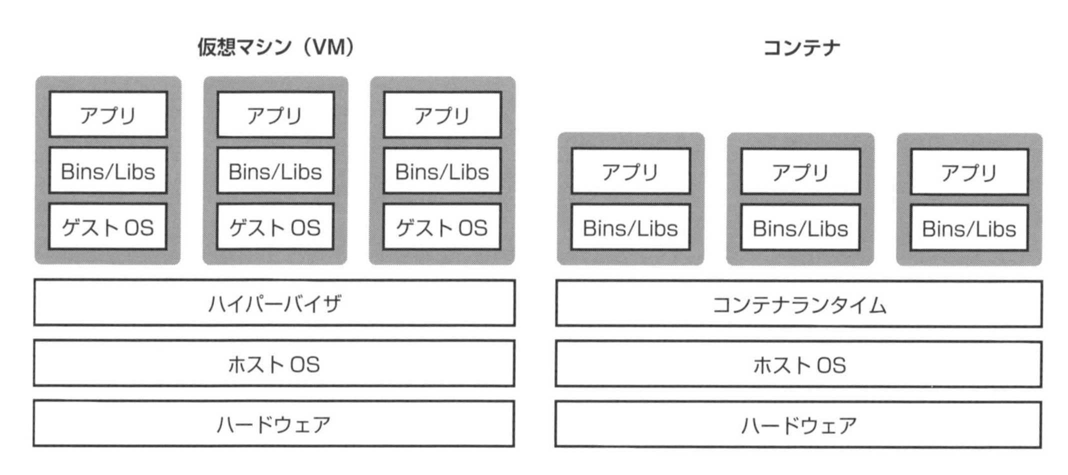

図4.1.1　VMとコンテナの比較

カーネルはコンテナに含まれておらず、VMに比べて軽量です。そのため、コンテナは作成や起動停止が早く、柔軟にスケーリングできます。また、コンテナランタイム上であれば、ローカルでも物理サーバでもクラウドでも、どの環境であってもコンテナは同じ動作を保証します。これにより、テスト環境ではテストが成功したのに、テスト環境と本番環境で設定が違っていて本番環境ではエラーが発生してしまった……といった環境の違いによるバグを防ぐことができます。オンプレミスからクラウドなど、環境を移行したい場合もコンテナであれば簡単にできます。

これらのメリットから、現在ではコンテナは広く普及してきています。特にコンテナは、複数の小さなサービスを組み合わせるアプリケーションアーキテクチャである、マイクロサービスアーキテクチャとの相性がよいです。そのため、マイクロサービスでは通常コンテナが採用されます。なお、マイクロサービスに関しては第7章で説明します。

4.2 Kubernetesの概要

コンテナに魅力を感じ、アプリケーションのランタイムにコンテナを採用することを決めたら、続いてコンテナの運用について考える必要があります。

運用が手動で行われていると、システムの規模に比例して人手が必要になります。規模が大きくなるにつれて、運用に多くの人手が割かれることになり、本来注力すべき新規のサービス開発やサービス改善に手が回らなくなってしまいます。運用はなるべく自動化して、システム管理者の負荷を軽くしたいところです。

一般的にコンテナ運用では、コンテナオーケストレーションツールを使用します。コンテナオーケストレーションツールは、コンテナの管理を自動化するツールです。例えばスケーリング、障害対応、ネットワーク管理、ストレージ管理、ロギング、デプロイなどの運用を自動化します。

Kubernetes(クーバネティス)[注1]（ギリシャ語で「航海長」を表す）は、Googleが15年以上コンテナ運用に使用していたBorgというシステムをもとにして開発された、オープンソースのコンテナオーケストレーションツールです。Googleが実際に使用してきた実績がある、ベンダーロックインしない、ハイブリッドクラウドやマルチクラウドが実現できるといった理由から普及が進み、現在ではコンテナオーケストレーションツールのデファクト・スタンダード（事実上の標準）となっています。

Kubernetesによってコンテナ運用を自動化できる一方で、Kubernetes自体のインストールや管理、Kubernetesより下のレイヤ（VM、ディスク、ネットワークなど）の管理については、手間がかかると同時にKubernetesの深い知識が要求される専門性の高い作業です。そのため、Google Kubernetes Engine（GKE）、Amazon Elastic Container Service for Kubernetes（Amazon EKS）、Azure Kubernetes Service（AKS）など、数多くのクラウドプロバイダーがKubernetesのマネージドサービスを提供しています。

注1　実際には「クーバネテス」「クバネティス」「クーベネーティス」など、様々な呼称が使われています。

Column ▶ Container as a Service (CaaS)

Container as a Service（CaaS）はコンテナ環境を提供するクラウドサービスです。コンテナランタイムより下のレイヤは、クラウドプロバイダーが管理します。管理するレベルは、仮想化基盤を提供するInfrastructure as a Service（IaaS）と、アプリケーションの実行環境を提供するPlatform as a Service (PaaS) の中間に位置しています。

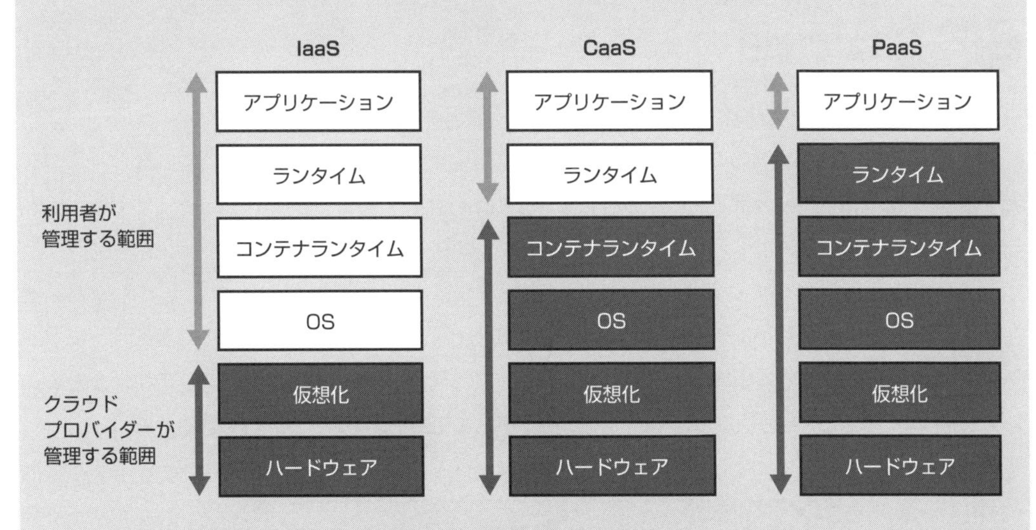

図4.2.1 IaaS、CaaS、Paas

GCPのサービスでいうと、Google Compute Engine（GCE）はIaaS、GKEはCaaS、Google App Engine（GAE）はPaaSに該当します。

4.3 Kubernetesの機能

Kubernetesはコンテナに関する様々な運用を自動化します。

4.3.1 障害復旧

Kubernetesは、障害を検知して自動で復旧するよう動作します。

例えば、Pod（1つ以上のコンテナの集まり。KubernetesはPod単位で管理する）を1つ起動するようにKubernetesに命令したとします。Kubernetesは自律的に「Podを1つ起動する」という状態を維持します。

ここで、Podが起動しているNode（VMや物理サーバ）に障害が発生したとしましょう。その場合、KubernetesはPodが停止したことを検知し、正常に稼働している別のNode上にPodを1つ起動することで、全体として「Podを1つ起動する」という状態を維持します。また、コンテナ自体に障害が発生したときは、それを検知して自動でコンテナを再起動します。

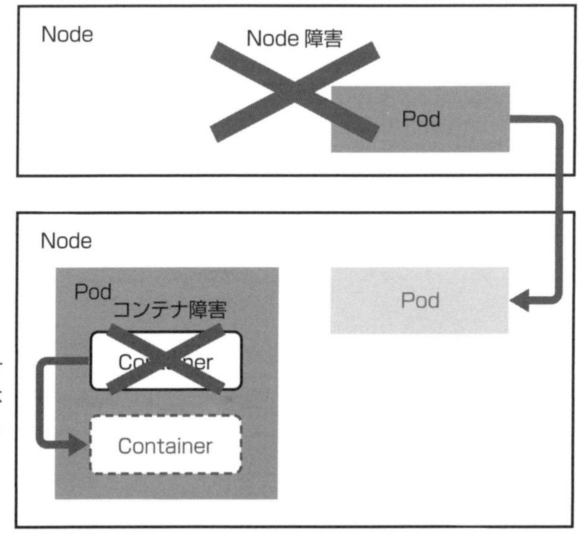

図4.3.1　障害復旧

このように、Kubernetesが自動的に復旧作業を行ってくれるので、システム管理者はコンテナの障害対応から解放されます。

4.3.2 スケーリング

CPUやメモリの使用率に応じて、PodやNodeを自動でスケーリングできます。

例えば「Pod内にあるコンテナのCPU使用率の閾値(しきいち)は80%」と宣言したとします。このとき、コンテナのCPU使用率が80%を超えると、Kubernetesは自動的にPodを増やしてリクエストを分散させ、80%以下の使用率となるよう負荷分散させます。また、PodをNodeに配置するときは、NodeのCPU/Memory使用率とPod内のコンテナが使用するCPU/Memory使用率を鑑みて、最適なNodeにPodを配置します。逆にCPU使用率が下がると、自動的に必要ないPodを削除して最適な数を維持します。GKEでは、Nodeのリソース不足によりPodが配置できないことを検知して、Nodeの数をスケールするように設定できます。

このように負荷に応じてPodやNodeがスケーリングするため、曜日や時間帯による負荷変動、サービス拡大による負荷増加などに自動で対応できます。また、リソースを効率よく利用できるので、無駄なコストを抑えることができます。

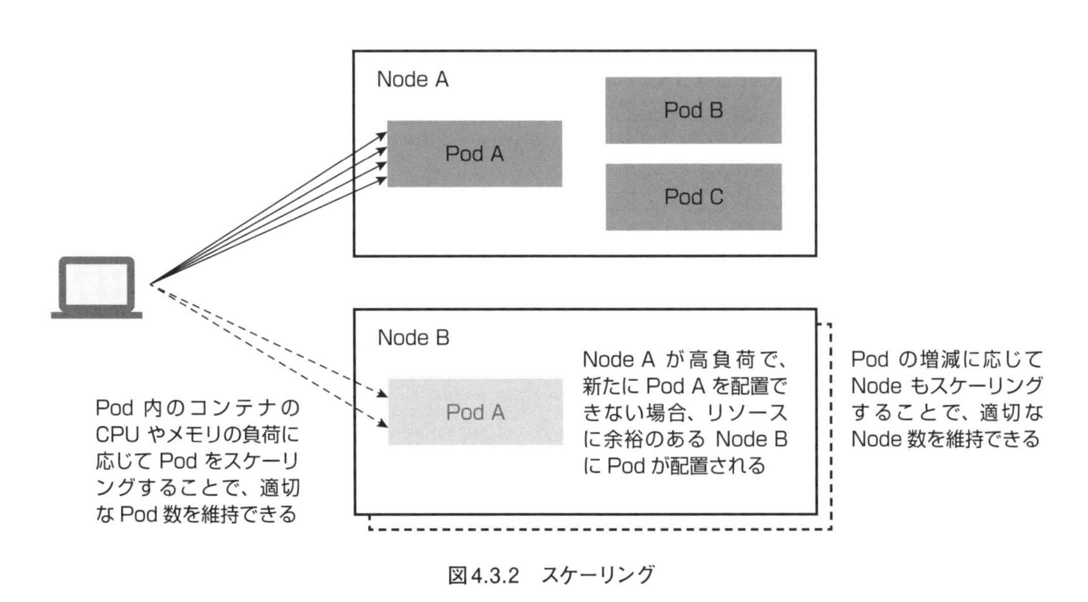

図4.3.2 スケーリング

4.3.3 ローリングアップデート・ロールバック

Kubernetesには、安全にアプリケーションをバージョンアップするための機能が備わっています。

Podをバージョンアップするとき、古いバージョンを一旦すべて削除してから新しいバージョンを作成するのではなく、Pod数を維持しつつ、段階的に新しいバージョンのPodに置き換えること（ローリングアップデート）ができるため、ダウンタイムが発生しません。また新しいバージョンのPodに障害が発生した場合は、ロールバック機能を使って元のバージョンに戻すことができます。

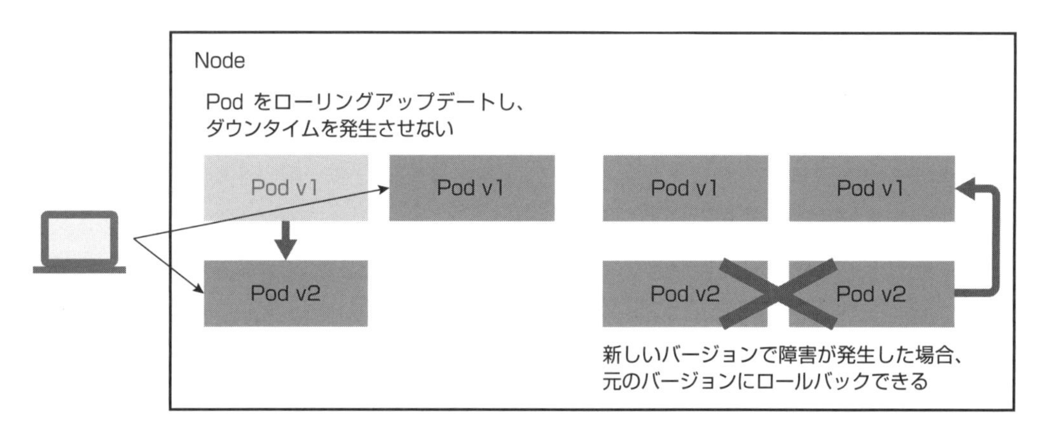

図4.3.3　ローリングアップデート・ロールバック

例えば、システム管理者がエクセルシートに書かれた手順を見ながら、ロードバランサーの振り分けを片方だけにして、アプリケーションをバージョンアップして、ロードバランサーの振り分けを新しいバージョンにして、もう片方のアプリケーションをバージョンアップして、最後にロードバランサーの振り分けを両方に戻す……といったバージョンアップをするための手作業は不要になります。

4.3.4 サービスディスカバリ

Podが作成されると、Kubernetesは自動でPodにIPを付与します。

また複数のPodに対して、ClusterIPと呼ばれる1つのIPと、1つのDNS名を付与して抽象化することで、負荷分散を実現できます。呼び出し側は、バックエンドのIPが1つに決まっているため、再作成やスケーリングにより都度変化するPodの状態を意識する必要はありません。DNS名はKubernetesの内部DNSに自動的に登録されるので、呼び出し側のサービスは呼び出したいサービスを簡単に検出できます。これをサービスディスカバリと言います。図4.3.4は、クラスタ内のPodが別のPodにリクエストを送信する際、そのリクエストがどのようにPodに割り振られるか図示したものです。

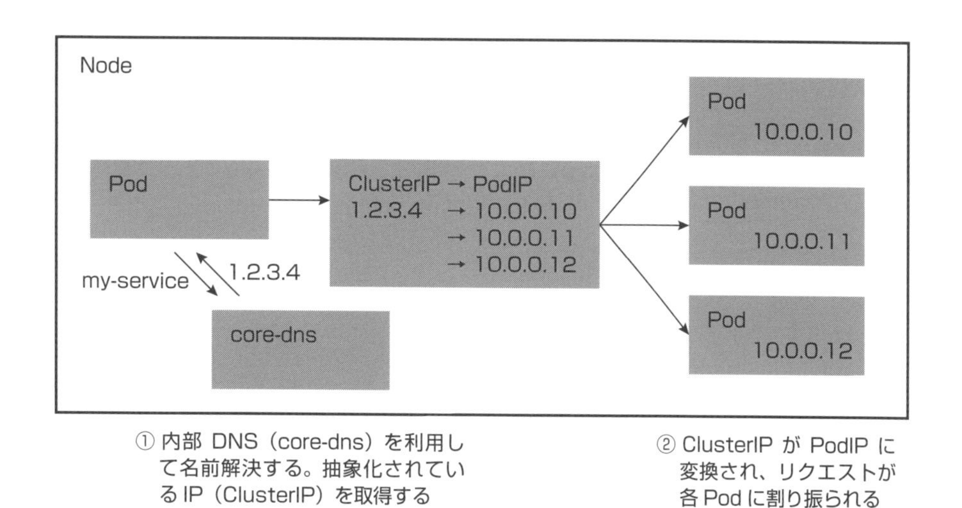

図4.3.4　サービスディスカバリ

4.3.5 ストレージ

コンテナが削除されるとコンテナ内のデータも削除され、永続的にデータは保持されません。またコンテナ内のデータを、コンテナ同士で共有することはできません。そこでKubernetesでは、ストレージ機能を抽象化したVolumeが用意されています。

Volumeを利用すると、同じPod内のコンテナ間でデータを共有できます。また、構成ファイルや認証鍵、パスワードなどのデータをVolumeにマウントすることで、コンテナに含まれていない環境依存のデータを、コンテナが利用できるようになります。

永続ボリュームを利用すれば、Podが削除されてもデータを永続的に保持することが可能です。

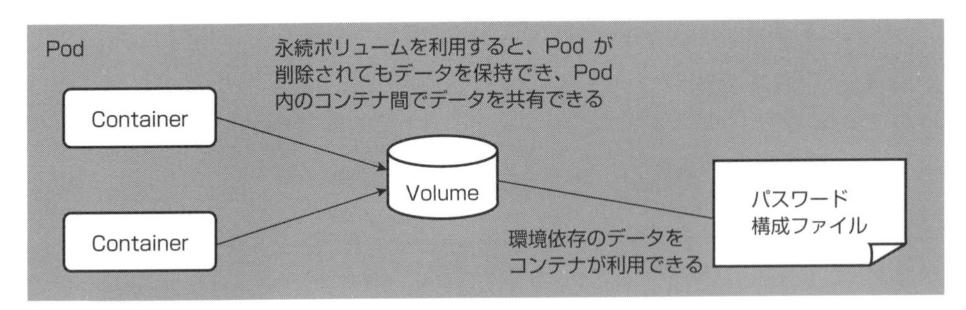

図4.3.5　ストレージ

このように、Kubernetesを使うと、今までシステム管理者が手動で行っていた様々な作業を自動で運用できるようになります。

4.4 宣言的な構成管理

Kubernetesは、コードで定義された状態を維持するように自律的に動作します。例えばCPU使用率80%以下を維持するよう定義すると、Kubernetesは細かい手順を指定しなくても、自動でPodをスケーリングしてCPU使用率80%以下の状態を維持します。

こうあって欲しいという状態は、Kubernetes APIオブジェクト（以降オブジェクト）に定義します。Podもオブジェクトの1つです。オブジェクトはコマンドラインインターフェースであるkubectlコマンドから操作できますし、Kubernetes APIを直接使用して操作することもできます。

Kubernetesは、オブジェクトをJSON形式で管理します。kubectlを使用する場合は、yamlファイルで構成を記述することが可能です。kubectlがJSON形式に変換し、APIリクエストを送信します。

このようにKubernetesはオブジェクトをコードで管理することから、Continuous Integration（CI）やContinuous Delivery（CD）との相性がよいです。CI/CDを取り入れることで、アプリケーションのテストやデプロイを自動化して、効率よく・ミスなく・安全にリリースできます。

4.5 Minikube

Minikubeは、ローカル環境でKubernetesを手軽に試したいときに最適なツールです。Windows、macOS、Linux環境に対応しています。以降ではMinikubeを使ってkubectlコマンドを実行しながら、Kubernetesのアーキテクチャやオブジェクトについて紹介していきます。なお、サンプルコードの04/command.txtに、実行するコマンドをまとめて記載しています（サンプルコードについては「はじめに」を参照してください）。まずはMinikubeの実行環境を用意しましょう。

Minikubeをインストールする前に、Kubernetesリソースを管理するコマンドラインインターフェースであるkubectlをインストールします。インストール方法についてはOSによって手順が異なるため、公式ドキュメントの「Install and Set Up kubectl」[注2]を参照してください。

すでにCloud SDKをインストールしてある場合は、次のコマンドでインストールできます。

```
$ gcloud components install kubectl
```

次に、Virtualboxなどのハイパーバイザーをインストールします。サポートしているハイパーバイザーやインストール手順はOSによって手順が異なるので、公式ドキュメントの「Install Minikube」[注3]を参照してください。

続いてMinikubeをインストールします。こちらもインストール方法についてはOSによって手順が異なるため、公式ドキュメントの「Install Minikube」を参照してください。ここではMinikubeのバージョンはv1.5.0を想定しています。

macOSの場合は、Homebrewを使ってインストールできます。

```
$ brew install minikube
```

インストールが完了したら、次のコマンドを実行してMinikubeを起動します。--vm-driverオプションで、インストールしたハイパーバイザーを指定します。minikube startコマンドを実行すると、kubectlコマンドでKubernetesに接続するための構成が自動的に行われます。

注2　https://kubernetes.io/docs/tasks/tools/install-kubectl/

注3　https://kubernetes.io/docs/tasks/tools/install-minikube/

```
$ minikube start --vm-driver=virtualbox
😄  minikube v1.5.0 on Darwin
（以下省略）
```

次のコマンドを実行して、kubectlとClusterのバージョンを確認しましょう。Clusterとは、Kubernetesが稼働するVMや物理マシンの集合体です。実行結果のClient Versionはkubectl、Server VersionはClusterのバージョンを表します。

```
$ kubectl version
Client Version: version.Info{Major:"1", Minor:"16", GitVersion:"v1.16.2", （以下省略）}
Server Version: version.Info{Major:"1", Minor:"16", GitVersion:"v1.16.2", （以下省略）}
```

kubectlは、Clusterとのバージョン差が1マイナーバージョン（古いバージョンまたは新しいバージョン）以内であればサポートされます。例えば、Clusterのバージョンが1.16であれば、バージョン1.17、1.16、1.15のkubectlがサポートされています。いつの間にかバージョン差が開いていて、今まで通っていたコマンドが通らない……といったことがないように気をつけてください。

これでMinikubeとkubectlのセットアップは完了です。

4.6 Kubernetesのアーキテクチャ

それでは、Kubernetesのアーキテクチャと、Kubernetesを構成する各種コンポーネントについて見ていきましょう。Kubernetesの全体のアーキテクチャは図4.6.1のようになっています。

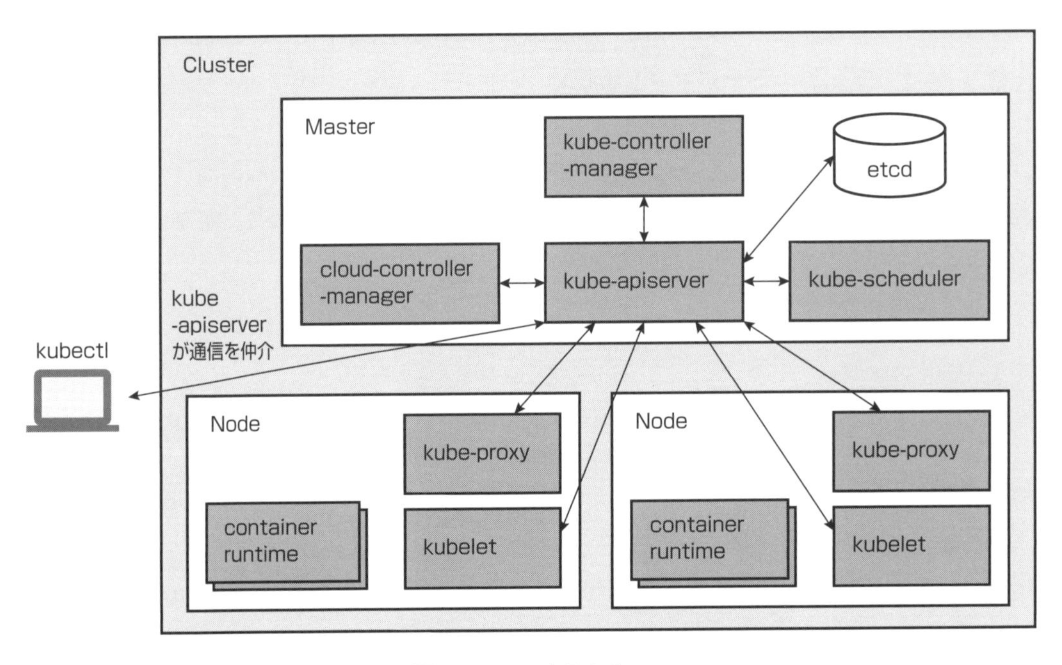

図4.6.1　アーキテクチャ

4.6.1 Cluster

Clusterとは、Kubernetesが稼働するVMや物理マシンの集合体です。ClusterはMasterとNodeに分かれています。MasterはCluster全体を管理するプロセスが稼働しているマシン、Nodeは作成したアプリケーションコンテナを稼働させるマシンを指します。

次のコマンドを実行するとNodeの状態を確認できます。

```
$ kubectl get nodes
NAME       STATUS   ROLES    AGE     VERSION
minikube   Ready    master   2m58s   v1.16.2
```

Minikubeの場合はMasterコンポーネントとNodeコンポーネントが同一マシン上に配置されていますが、それぞれ役割が異なるため、通常はこれらのコンポーネントは別々のマシンに配置します。

4.6.2 Master

MasterはCluster全体を制御するコントロールプレーンとして動作します。GKEの場合、Masterはフルマネージドとなっているため、Masterコンポーネントの管理をする必要はありません。

Masterコンポーネントの概要を表4.6.1に示します。

表4.6.1 Masterコンポーネントの概要

名前	説明
kube-apiserver	Masterのフロントエンドとしての役割を持つコンポーネント。kubectlや他コンポーネントからのAPI通信を受け付けるハブとして機能する
etcd	Clusterの構成を保存する分散キーバリューストア
kube-scheduler	NodeやPodのCPU/Memory使用率などからPodを配置する最適なNodeを判断し、kube-apiserverに結果を通知するコンポーネント
kube-controller-manager	Clusterの状態を管理するコンポーネント。4つのプロセスに分かれる
cloud-controller-manager	クラウドプロバイダーへ接続するプラグインの役割を持つコンポーネント。これによりクラウドベンダーとKubernetesが互いに独立して開発することが可能となる

kube-controller-managerは表4.6.2の4つのプロセスに分かれています。

表4.6.2　kube-controller-managerのプロセス

名前	説明
Node Controller	Nodeが稼働しているかどうか監視する
Replication Controller	Podの数をあるべき状態に維持する
Endpoints Controller	ServiceとPodを紐付ける
Service Account & Token Controllers	新しいNamespaceにデフォルトのアカウントとAPIアクセストークンを作成する

4.6.3 Node

Nodeはユーザが作成したコンテナを実行する環境です。Nodeコンポーネントの概要を表4.6.3に示します。

表4.6.3　Nodeコンポーネントの概要

名前	説明
kubelet	Node上でコンテナが正しく動作しているかどうかを確認するコンポーネント。Nodeごとに配置される
kube-proxy	コンテナへのアクセスを振り分けるネットワークプロキシの役割を持つコンポーネント。Nodeごとに配置される

4.6.4 Addon

ダッシュボード、ロギングやモニタリングなど、Clusterの機能を追加したい場合はAddonを使用します。Minikubeではダッシュボードがデフォルトで追加されています。ダッシュボードを追加すると、GUIでClusterの状況を確認したり、操作したりすることができます。

ダッシュボードを起動するには、次のコマンドを実行します。ブラウザが立ち上がり、図4.6.2のように表示されます。

```
$ minikube dashboard
```

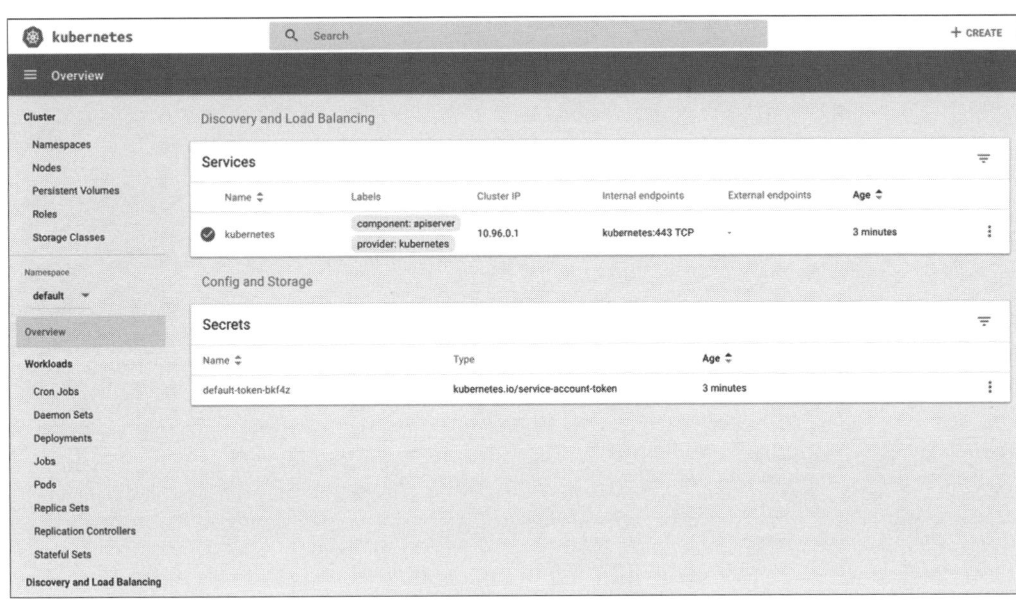

図4.6.2 ダッシュボード画面

試しに、左側のメニューバーのNamespaceで「kube-system」を選択してみてください。図4.6.3のように表示されます。kube-system NamespaceにはKubernetesを稼働させるために必要なコンポーネントが配置されており、それらの稼働状況を円グラフなどで視覚的に確認することができます。

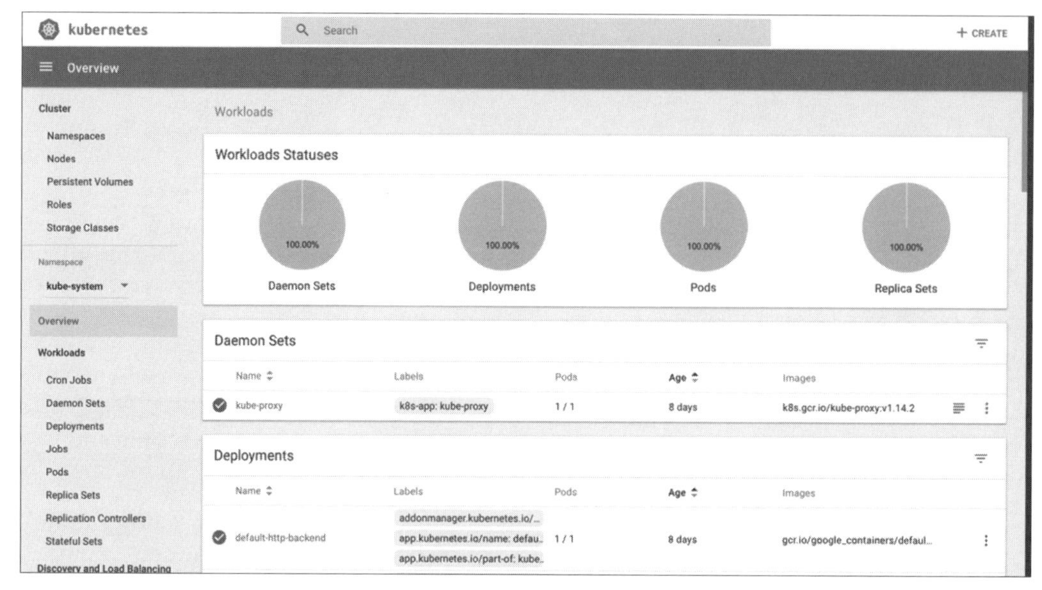

図4.6.3　kube-system Namespace

なお、GKEなどのマネージドサービスの場合は独自のGUIが用意されているので、基本的にはダッシュボードAddonの追加は必要ありません。

確認し終わったらコマンドラインに戻り、「Ctrl」キーと「C」キーを押してコマンド実行を終了してください。

4.7 Kubernetes API オブジェクト

オブジェクトは、例えばコンテナの数、コンテナから利用できるボリューム、スケーリングポリシーなど、Kubernetesで維持したい状態を定義するために使用します。これまでの説明で挙げたPodはオブジェクトの1つです。

Kubernetesは数多くのオブジェクトをサポートしています。次のコマンドを実行すると、サポートしているオブジェクトの一覧を確認できます。


```
$ kubectl api-resources
NAME                    SHORTNAMES   APIGROUP        NAMESPACED   KIND
bindings                                              true         Binding
componentstatuses       cs                            false        ComponentStatus
configmaps              cm                            true         ConfigMap
endpoints               ep                            true         Endpoints
events                  ev                            true         Event
limitranges             limits                        true         LimitRange
namespaces              ns                            false        Namespace
（以下省略）
```

個々のオブジェクトについての説明を表示するには、`kubectl explain`コマンドにオブジェクトのNAMEかSHORTNAMESを指定して実行します。なお、NAMEは「bindings」のように複数形で記載されていますが、単数形で指定することもできます。例えば、次のように実行するとNodeの説明が表示されます。`kubectl explain node`と単数形を指定しても同じ結果になります。

```
$ kubectl explain nodes
KIND:     Node
VERSION:  v1

DESCRIPTION:
     Node is a worker node in Kubernetes. Each node will have a unique
     identifier in the cache (i.e. in etcd).

（以下省略）
```

オブジェクトは、あるべき状態を定義した`spec`と、現在の状態である`status`の2つのフィールドを持ちます。Kubernetesは、この`spec`と`status`が一致するように動作します。

オブジェクトにはそれぞれ名前を付与します。なお、同じNamespace内の同じ種類のオブジェクトについては、名前はユニークでなければいけません。

ここからは、代表的なKubernetesのオブジェクトを紹介していきます。

4.7.1 Namespace

Namespaceは、Kubernetesの世界の中でリソースを分割するために利用されます。例えば検証環境や本番環境、チームや部署単位ごとにリソースを分割したい場合に利用します。NamespaceごとにCPUやメモリの使用量を制限したり、デフォルトのセキュリティポリシーを設定したりすることが可能です。Namespaceを指定しない場合は、defaultというNamespace（図4.7.1左側）にオブジェクトが配置されます。

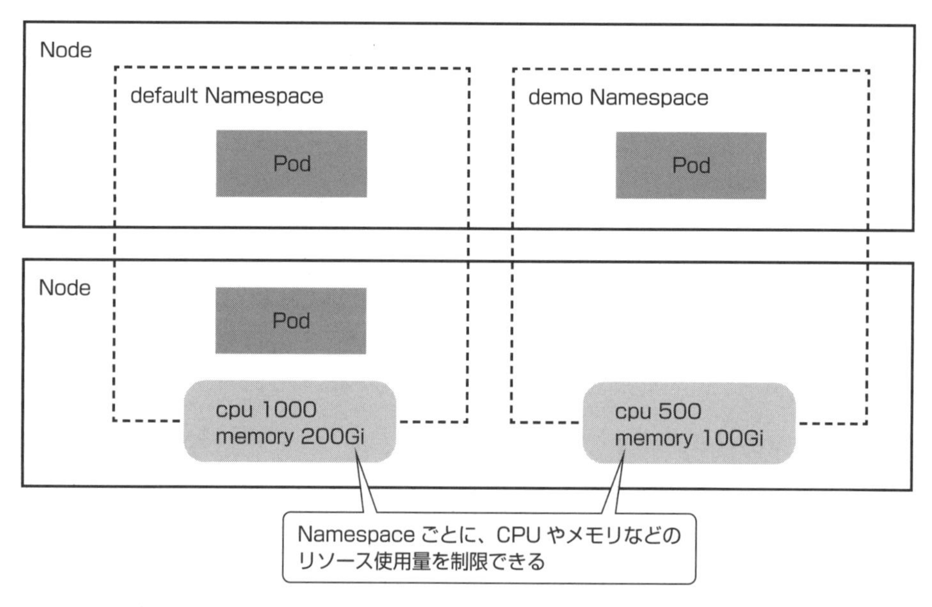

図4.7.1　Namespace

では、新たにNamespaceを作成してみましょう。次のように`kubectl create`コマンドを実行します。このコマンドには、作成するオブジェクトと名前を引数として渡します。指定できるオブジェクトの名前は`kubectl api-resources`コマンドで確認できます。なお、ここでは「namespace」ではなく、略称（SHORTNAMES）である「ns」を指定しています。

```
$ kubectl create ns demo
namespace/demo created
```

次のコマンドを実行してNamespace一覧を確認します。

```
$ kubectl get ns
NAME              STATUS   AGE
default           Active   8d
demo              Active   9s
kube-node-lease   Active   8d
kube-public       Active   8d
kube-system       Active   8d
```

作成したdemo Namespaceと、事前に作成されているNamespaceが表示されます。

Namespaceの削除は簡単です。次のコマンド実行すれば、demo Namespaceは削除されます。`kubectl create`コマンドと同様に、`kubectl delete`コマンドにもオブジェクトと名前を引数として渡します。

```
$ kubectl delete ns demo
namespace "demo" deleted
```


4.7.2 Pod

Podはコンテナの集合体です。Podに1つだけコンテナを配置することもできますし、複数のコンテナを1つのPodにまとめることもできます。Pod内のコンテナは、ネットワークやストレージを共有します。

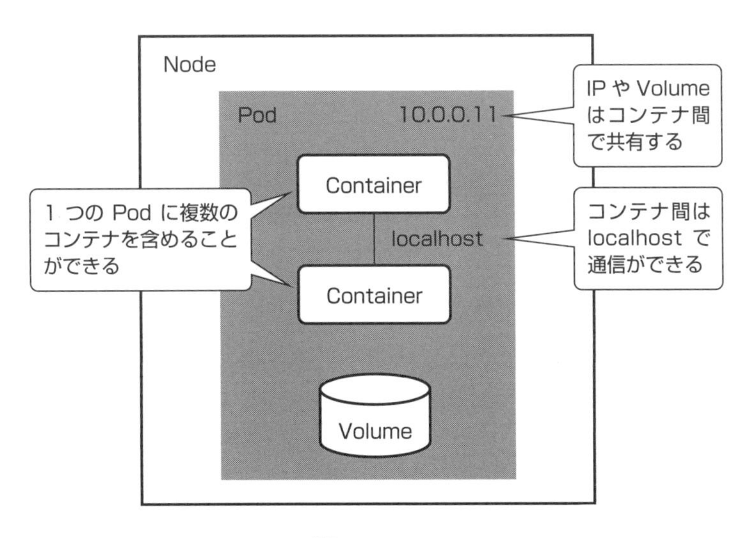

図4.7.2　Pod

それではnginxのPodをKubernetesにデプロイしてみましょう。オブジェクトの定義ファイル（マニフェスト）はyaml形式で記述します。

リスト4.7.1　マニフェスト(yaml形式)

```
apiVersion: v1
kind: Pod
metadata:
  name: nginx
  labels:
    name: nginx
spec:
  containers:
  - name: nginx
    image: nginx
    ports:
    - containerPort: 80
```

各フィールドについて簡単に説明します。詳細な説明については公式ドキュメント注4を参照してください。

表4.7.1　マニフェストで指定するフィールド

名前	説明
apiVersion	オブジェクトのバージョンを記述します。
kind	オブジェクトの種類を記述します。
metadata	オブジェクトのメタデータを記述します。リスト4.7.1のマニフェストでは名前をnginxとし、label（次のコラム参照）を付与しています。
spec	Podのあるべき状態を記述します。使用するコンテナをimageフィールドで指定します。ここではDocker Hub上にあるnginxコンテナを指定しています。containerPortフィールドでは、コンテナ外部からコンテナにアクセスできるポート番号を指定します。

statusフィールドは、デプロイ後にKubernetesによって追加されて管理されています。オブジェクトの最新の状態が記述されます。

注4　https://kubernetes.io/docs/reference/generated/kubernetes-api/v1.16/#pod-v1-core

Column ▶ label

labelはPodなどのオブジェクトに付与できるキーとバリューのペアです。

labelを使用すると、組織構造を簡単にマッピングできます。例えば、「environment : dev」というlabelを付与すれば、dev環境のオブジェクトであることを示すことができます。

Namespaceでオブジェクトを分離することも可能ですが、規模がそれほど大きくなかったり、利用するユーザが少なかったりなど、リソースを分割する必要がない場合はlabelで十分です。

マニフェストを確認したところで、続いてdefault NamespaceにnginxのPodをデプロイします。kubectl applyコマンドでマニフェストを指定して実行します。


```
$ kubectl apply -f - <<EOF
apiVersion: v1
kind: Pod
metadata:
  name: nginx
  labels:
    name: nginx
spec:
  containers:
  - name: nginx
    image: nginx
    ports:
    - containerPort: 80
EOF
pod/nginx created
```

kubectl getコマンドで、Podの状態を確認します。-oオプションで出力のフォーマットを指定できます。次のように「-o wide」と指定すると、詳細な情報が表示されます。

```
$ kubectl get pods -o wide
NAME    READY   STATUS    RESTARTS   AGE   IP           NODE       NOMINATED NODE   READINESS GATES
nginx   1/1     Running   0          25s   172.17.0.7   minikube   <none>           <none>
```

STATUSが「Running」になっていればデプロイは成功です。

次のようにkubectl describeコマンドを実行すると、Podの詳細を確認できます。

```
$ kubectl describe pods nginx
Name:               nginx
Namespace:          default
Priority:           0
```

```
PriorityClassName:  <none>
Node:               minikube/192.168.64.12
Start Time:         Fri, 27 Sep 2019 11:24:47 +0900
Labels:             name=nginx

（以下省略）
```

kubectl execコマンドで、起動しているコンテナに接続できます。次のコマンドでは、デプロイしたnginxコンテナのbashコマンドを実行します。実行できることを確認したら、exitで抜けます。

```
$ kubectl exec -it nginx /bin/bash
root@nginx:/#
root@nginx:/# exit
exit
```

なお、ここまでkubectlコマンドの利用例をいくつか示してきましたが、次のようにkubectlコマンドを引数なしで実行すると利用可能なコマンド一覧を確認できます。

```
$ kubectl
```

Podはデプロイできましたが、この時点ではKubernetesの外、例えばブラウザからnginxにアクセスすることはできません。

4.7.3 Service

Serviceは、Podへのアクセスポリシーを定義するオブジェクトです。Serviceのタイプとしては、ClusterIPやNodePortやLoadBalancerなどがあります。

ClusterIPは、クラスタ内部の通信に用います。NodePortは、NodeのIPとポートを使用して、外部からのアクセスを許可する際に用います。LoadBalancerは、クラウドプロバイダーが提供するロードバランサーを利用してサービスを外部に公開する際に使われます。

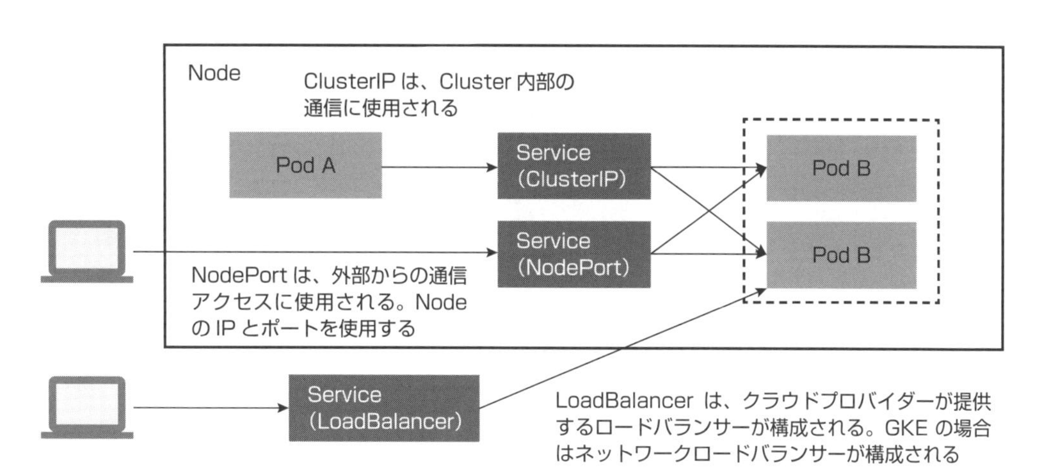

図4.7.3　Service

Serviceを作成するために、次のコマンドを実行してください。なお、リスト4.7.1のPodのように、Serviceの定義が書かれているマニフェストを作成し、`kubectl apply`コマンドを実行してServiceを作ることも可能です。

```
$ kubectl expose pods nginx
service/nginx exposed
```

Serviceが作成されたかどうかは次のコマンドで確認できます。「`-o yaml`」とオプションを指定することで、yaml形式で表示されます。

```
$ kubectl get service nginx -o yaml
apiVersion: v1
kind: Service
metadata:
  creationTimestamp: "2019-09-27T02:40:59Z"
  labels:
    name: nginx
  name: nginx
  namespace: default
  resourceVersion: "7919"
  selfLink: /api/v1/namespaces/default/services/nginx
  uid: 3ce59d48-e0d0-11e9-ad76-02dd279d2a53
spec:
  clusterIP: 10.102.57.137
  ports:
  - port: 80
    protocol: TCP
```

```
    targetPort: 80
  selector:
    name: nginx
  sessionAffinity: None
  type: ClusterIP
status:
  loadBalancer: {}
```

この出力結果はマニフェストになっています。ここでは、specフィールドの一部を簡単に説明しておきましょう。詳細な説明については公式ドキュメント[注5]を参照してください。

portフィールドはServiceが使用するポート番号、targetPortフィールドは転送先のコンテナのポート番号を指定します。

Serviceはselectorフィールドで設定したlabelと一致しているPodにリクエストを割り振ります。デプロイしたPodのmetadataにはlabel「name: nginx」が設定してあります(リスト4.7.1)。作成したServiceのselectorフィールドには、Podと同様のラベル「name: nginx」を設定しているため、nginx Podにリクエストが割り振られます。

typeフィールドはServiceの種類を示しますが、ここではClusterIPとなっています。ClusterIPはPod間で通信するのに使用するIPなので、外部からはアクセスできません。ブラウザからアクセス可能にするために、kubectl deleteコマンドで一旦Serviceを削除し、--typeオプションを指定して、タイプがNodePortのServiceを作成します。

```
$ kubectl delete service nginx
service "nginx" deleted
$ kubectl expose pods nginx --type="NodePort"
service/nginx exposed
```

次のコマンドを実行してServiceを確認しましょう。NodePortはNodeのIPとポートを使用します。PORT(S)が「80:30672/TCP」の場合、30672がNodeのポート番号になります。

```
$ kubectl get service nginx
NAME    TYPE       CLUSTER-IP       EXTERNAL-IP   PORT(S)        AGE
nginx   NodePort   10.104.247.236   <none>        80:30672/TCP   22s
```

Minikubeの場合は、次のコマンドでMinikubeのIPを確認できます。

```
$ minikube ip
192.168.64.12
```

注5 https://kubernetes.io/docs/reference/generated/kubernetes-api/v1.16/#service-v1-core

確認したIPとポート番号を使用して、ブラウザ経由でnginxにアクセスしてみてください。成功するとnginxの画面が表示されます。

GKEなどのマネージドサービスを利用している場合は、ファイアウォールルールによりアクセス制御されていて、NodePort経由でアクセスできないことがあるので注意してください。

確認が終わったらServiceの設定を再び削除します。

```
$ kubectl delete service nginx
service "nginx" deleted
```


4.7.4 Ingress

Ingressは外部からのHTTP/HTTPSアクセスをServiceにルーティングするロードバランサーの役割を担います。図4.7.4のように、HTTP/HTTPSリクエストをパスに応じて特定のServiceに振り分けることができます。HTTPやHTTPS以外のプロトコルや、80や443以外のポートを利用したい場合は、IngressではなくServiceのNodePortやLoadBalancerを利用します。

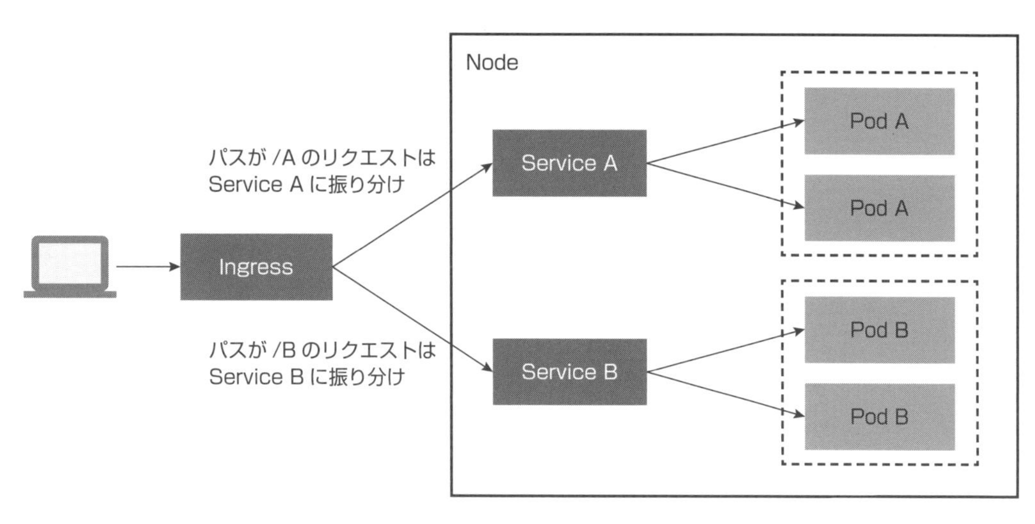

図4.7.4　Ingress

Ingressオブジェクトを動かすためには、Ingress Controller Addonが追加で必要になります。次のコマンドを実行して、Ingress Controllerを導入します。

```
$ minikube addons enable ingress
✅  ingress was successfully enabled
```

有効になっていることは次のコマンドで確認できます。

```
$ minikube addons list | grep ingress:
- ingress: enabled
```

Serviceを追加します。

```
$ kubectl expose pods nginx
service/nginx exposed
```

次のように`kubectl apply`コマンドを使ってIngressをデプロイします。

```
$ kubectl apply -f - <<EOF
apiVersion: networking.k8s.io/v1beta1
kind: Ingress
metadata:
  name: nginx
  annotations:
    nginx.ingress.kubernetes.io/rewrite-target: /
spec:
  rules:
  - http:
      paths:
      - path: /nginx
        backend:
          serviceName: nginx
          servicePort: 80
EOF
ingress.networking.k8s.io/nginx created
```

この設定で、`/nginx`へのリクエストを、nginx Serviceのポート80に割り振るようになります。

次のコマンドを実行して、Ingressが作成されていることを確認しましょう。ADDRESSが設定されるまで時間がかかる場合があります。

```
$ kubectl get ingress
NAME    HOSTS   ADDRESS         PORTS   AGE
nginx   *       192.168.64.12   80      61s
```

ADDRESSが設定されたらブラウザで`http://ADDRESS/nginx`を開き、Ingress経由でアクセスできることを確認します。ブラウザによってはセキュリティの警告が出るかもしれませんが、無視して問題ありません。

Ingress→Service→Podとアクセスできることを確認できました。動作を確認できたら、作成したオブジェクトを削除しておきます。

```
$ kubectl delete pods nginx
pod "nginx" deleted
$ kubectl delete service nginx
service "nginx" deleted
$ kubectl delete ingress nginx
ingress.extensions "nginx" deleted
```


4.7.5 ReplicaSet

ReplicaSetはPodの数を管理するオブジェクトです。指定されたPodの数を保つように動作します。

ReplicaSetを管理するオブジェクトとして、次に説明するDeploymentがあります。Deploymentの方がReplicaSetよりも多くの機能を提供するので、KubernetesではDeploymentの使用が推奨されています。そのため、基本的にはReplicaSetを直接使用することはありません。

4.7.6 Deployment

DeploymentはReplicaSetとPodを管理するオブジェクトです。ReplicaSetの機能に加えて、ローリングアップデートやロールバック機能などを提供します。

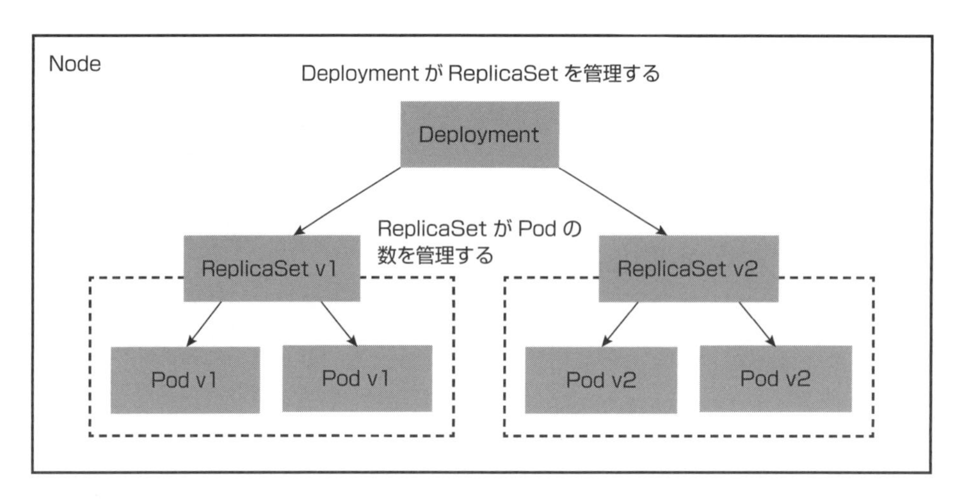

図4.7.5　Deployment

では、Deploymentをデプロイしてみましょう。ここでは次のようにマニフェストを指定し、3つのPodを作成します。

```
$ kubectl apply -f - <<EOF
apiVersion: apps/v1
kind: Deployment
metadata:
  name: nginx
  labels:
    app: nginx
spec:
  replicas: 3
  selector:
    matchLabels:
      app: nginx
  template:
    metadata:
      labels:
        app: nginx
    spec:
      containers:
      - name: nginx
        image: nginx
        ports:
        - containerPort: 80
EOF
deployment.apps/nginx created
```

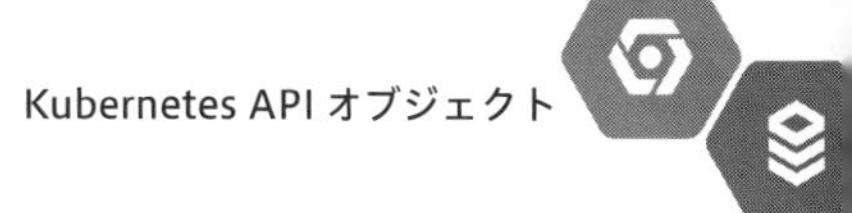

replicasフィールドでPodの数を3と指定しています。

それでは、各オブジェクトが作成されていることを確認しましょう。まず、Deploymentが作成されていることを確認します。

```
$ kubectl get deployments
NAME    READY   UP-TO-DATE   AVAILABLE   AGE
nginx   3/3     3            3           13s
```

ReplicaSetが同時に作成されていることを確認します。

```
$ kubectl get replicasets
NAME               DESIRED   CURRENT   READY   AGE
nginx-85ff79dd56   3         3         3       27s
```

3つのPodが起動していることを確認します。

```
$ kubectl get pods
NAME                     READY   STATUS    RESTARTS   AGE
nginx-85ff79dd56-25d28   1/1     Running   0          39s
nginx-85ff79dd56-cm865   1/1     Running   0          39s
nginx-85ff79dd56-sczm5   1/1     Running   0          39s
```

続いて、Deploymentが管理するReplicaSetがPodの数を管理していることを確認します。試しにPodの1つを削除してみましょう。

```
$ kubectl delete pod nginx-85ff79dd56-25d28
pod "nginx-85ff79dd56-25d28" deleted
```

再びkubectl getコマンドを実行してみると、次のように、すぐに新しいPodが起動されていることがわかります。

```
$ kubectl get pods
NAME                     READY   STATUS    RESTARTS   AGE
nginx-85ff79dd56-cm865   1/1     Running   0          92s
nginx-85ff79dd56-sczm5   1/1     Running   0          92s
nginx-85ff79dd56-xpkvn   1/1     Running   0          32s
```

確認が完了したら、Deploymentを削除します。

```
$ kubectl delete deployment nginx
deployment.extensions "nginx" deleted
```

Minikubeを停止する場合は次のコマンドを実行します。

```
$ minikube stop
✋  Stopping "minikube" in virtualbox ...
🛑  "minikube" stopped.
```

Minikubeで作成したClusterを削除する場合は次のコマンドを実行します。

```
$ minikube delete
🔥  Deleting "minikube" in virtualbox ...
💔  The "minikube" cluster has been deleted.
🔥  Successfully deleted profile "minikube"
```

4.8 まとめ

この章では、Kubernetesの概要について説明しました。

Kubernetesが提供する機能、つまりコンテナオーケストレーションを利用し、今まで手作業だった運用を自動化すれば、効率よくコンテナを運用できます。

また、KubernetesおよびKubernetesより下のレイヤの管理作業は依然として手間のかかる作業なので、Kubernetesのマネージドサービスを利用するのも選択肢の1つです。

それについては次の章で、GCPで提供されているGKEというKubernetesのマネージドサービスについて解説します。

第5章

GKE

GCPでKubernetesクラスタを構築する場合に使用するのがGoogle Kubernetes Engine（GKE）です。ただクラスタを起動するだけなら簡単なサービスですが、実際に運用する上ではOSSとしてのKubernetesについてはもちろんのこと、GCPならではの機能についても理解する必要があるので、実は難しいサービスです。この章では、GKEをプロダクショングレードで運用するために知っておくべき事項やノウハウを紹介します。

5.1 Cloud Consoleで始めるGKE

まずはGKEでKubernetesクラスタを用意します。Cloud ConsoleからGKEを利用するには、ナビゲーションメニューから「Kubernetes Engine」を選択し、図5.1.1のような画面で「クラスタを作成」をクリックします。

図5.1.1　クラスタを作成

「可用性、ネットワーキング、セキュリティ、その他の機能」を選択し、デフォルトの設定値を表5.1.1のように変更してクラスタを作成します。

表5.1.1　クラスタ作成時の設定値

項目名	設定値
名前	gke-cluster
ゾーン	asia-northeast1-a
Stackdriver Kubernetes Engine Monitoring	有効にする

GKEクラスタの作成には5分ほどかかります。作成が完了したら、このクラスタへ接続するための認証情報を、操作する環境へ設定する必要があります。ここではCloud Shellを使用しますが、ご自身の端末にCloud SDKがインストールされていれば、そちらを使用することもできます。図5.1.2のようにクラスタが作成されたら「接続」をクリックします。「Cloud Shellで実行」を選択するか、表示されているコマンドを好きな環境で実行してください。

図5.1.2　クラスタへ接続

以下、ここではCloud Shellでの操作を想定して説明しますが、どの環境で実行してもコマンドに変更はありません。適切にクラスタへ接続できていることは、次のように`kubectl config get-contexts`で確認できます（出力結果の*PROJECT_ID*の部分にはご自身のプロジェクトIDが入ります）。ここでは紙面の都合上、出力を省略して示しています。

```
$ kubectl config get-contexts
CURRENT   NAME
*         gke_PROJECT_ID_asia-northeast1-a_gke-cluster
```

試しにDeploymentを使ってPodを起動してみましょう。マニフェストを記述してもよいのですが、一時的に試す場合などには次のように`kubectl create`コマンドを使うと便利です。

```
$ kubectl create deployment nginx --image=nginx:stable-alpine
deployment.apps/nginx created
$ kubectl get pods
NAME                   READY   STATUS    RESTARTS   AGE
nginx-ff9894797-jhqpv  1/1     Running   0          8s
```

これで、クラスタが起動して正常にコンテナをデプロイできることが確認できました。

5.2 Cloud SDKで始めるGKE

今度はCloud SDKからGKEクラスタを作成してみましょう。慣れないうちはCloud Consoleを使用するのもよいのですが、コマンドから実行できた方が、多くの場面でなにかと手が早くなります。そのため、筆者はコマンドからのみクラスタを作成しています。詳細なオプションについては「5.4 高度なクラスタの構築」で解説するとして、ここではCloud Consoleで作成したものと同じ設定のクラスタをコマンドから作成します。次のコマンドをCloud Shellから実行してください。

```
$ gcloud container clusters create gke-cluster-sdk \
--zone=asia-northeast1-a \
--enable-stackdriver-kubernetes \
--cluster-version=latest
```

Cloud Consoleから作成した場合とは異なり、Cloud SDKから作成した場合は接続に必要な情報がデフォルトで設定されています。自分が操作する対象のクラスタのことを**context**と呼びます。どのクラスタのcontextを所有していて、どのcontextを使用しているのかは、`kubectl config get-contexts`で確認できます。

```
$ kubectl config get-contexts
CURRENT   NAME
          gke_PROJECT_ID_asia-northeast1-a_gke-cluster
*         gke_PROJECT_ID_asia-northeast1-a_gke-cluster-sdk
```

作成するコマンドの他に、クラスタの一覧を取得する`gcloud container clusters list`や詳細情報を取得する`gcloud container clusters describe` *`CLUSTER_NAME`*などのコマンドがあります。興味のある方は、公式ドキュメント[注1]を見ながらどんなコマンドがあるのかを調べ、いくつか試してみるとよいでしょう。

注1 https://cloud.google.com/sdk/gcloud/reference/container/clusters/

5.2.1 複数のクラスタを切り替える

Cloud ConsoleとCloud Shellで1つずつクラスタを作成したので、今は2つの接続情報を保持し、`gke-cluster-sdk`を参照している状態です。これを切り替えるには、次のように`kubectl config use-context`コマンドを実行します。

```
$ kubectl config use-context \
gke_PROJECT_ID_asia-northeast1-a_gke-cluster
Switched to context
"gke_PROJECT_ID_asia-northeast1-a_gke-cluster".
```

ところで、GKEがデフォルトで作成するcontext名は長いので、変更したいと思った人もいるはずです。context名を変更するには、次のように`kubectl config rename-context` *`OLD_NAME NEW_NAME`*を実行します。

```
$ kubectl config rename-context \
gke_PROJECT_ID_asia-northeast1-a_gke-cluster gke-cluster
Context "gke_PROJECT_ID_asia-northeast1-a_gke-cluster"
renamed to "gke-cluster".
```

5.2.2 Namespaceを切り替える

contextと同様に、Namespaceの切り替えも`kubectl config`コマンドで実行できます。デフォルトではNamespaceにdefaultが設定されていますが、これを変更するには次のコマンドを実行します。

```
$ kubectl config set-context gke-cluster --namespace kube-system
Context "gke-cluster" modified.
```

この状態でPodの一覧を取得すると、default Namespaceのときとは異なる結果が得られます。

```
$ kubectl get pods
NAME                                          READY
event-exporter-v0.2.4-7d5fc7d745-8g94m        2/2
fluentd-gcp-scaler-86b957c9c8-4mjv5           1/1
fluentd-gcp-v3.1.1-9k5tn                      2/2
fluentd-gcp-v3.1.1-b6vxw                      2/2
fluentd-gcp-v3.1.1-dd7nx                      2/2
```

```
heapster-v1.6.1-b8b5879d7-v45f9                                  3/3
kube-dns-autoscaler-76fcd5f658-95c86                             1/1
kube-dns-b46cc9485-hjdtv                                         4/4
kube-dns-b46cc9485-x4qxk                                         4/4
kube-proxy-gke-gke-cluster-default-pool-fce83ce4-bqzx            1/1
kube-proxy-gke-gke-cluster-default-pool-fce83ce4-m9ng            1/1
kube-proxy-gke-gke-cluster-default-pool-fce83ce4-w2vb            1/1
l7-default-backend-6f8697844f-dfbp2                              1/1
metrics-server-v0.3.1-5b4d6d8d98-rw5jk                           2/2
prometheus-to-sd-74qk8                                           1/1
prometheus-to-sd-bx9lg                                           1/1
prometheus-to-sd-vstvx                                           1/1
stackdriver-metadata-agent-cluster-level-5487df7b97-4nhdn        1/1
```

このように、kube-system Namespaceでは、KubernetesクラスタやGCPに必要なPodが最初からいくつか実行されています。

Column ▶ kubectxとkubens

ここまで見てきたように、KubernetesのcontextやNamespaceを変更するには、なかなか面倒なコマンドを実行しなければなりません。これらの操作をもっと楽に実行するためのツールとして、GitHub上にkubectxコマンドとkubensコマンドが公開されています[注2]。このコマンドを使うと、次のようにcontextやNamespaceの切り替えを簡単に実行できます。

```
# contextの一覧
$ kubectx
gke-cluster
sdk

# contextの切り替え
$ kubectx sdk
Switched to context "sdk".

# Namespaceの一覧
$ kubens
default
kube-public
kube-system

# Namespaceの切り替え
$ kubens default
```

注2 https://github.com/ahmetb/kubectx

```
Context "sdk" modified.
Active namespace is "default".

# context名のリネーム
$ kubectx rename-sdk=sdk
Context "sdk" renamed to "rename-sdk".
```

5.3 GKEを用いたアプリケーションの公開

第4章ではローカルに構築したMinikubeを用いてコンテナを実行しました。この章ではGKEを使ってコンテナを実行し、インターネットやクラスタの内部への公開といった基本的な操作を学びます。

5.3.1 nginxサーバを公開する

まずはnginxコンテナを実行するDeploymentを先ほどと同じように作成します。

```
$ kubectl create deployment nginx --image=nginx:stable-alpine
deployment.apps/nginx created
```

ついでに、`kubectl scale`コマンドを使えばDeploymentをスケールできます。

```
$ kubectl scale deployment nginx --replicas=3
deployment.extensions/nginx scaled

$ kubectl get pods
NAME                     READY   STATUS    RESTARTS   AGE
nginx-ff9894797-5nh7d    1/1     Running   0          3m54s
nginx-ff9894797-hwj2p    1/1     Running   0          23s
nginx-ff9894797-t9kjq    1/1     Running   0          23s
```

Kubernetesでの開発が本格化すると、`kubectl`コマンドでの操作を覚えた方が様々な場面で便利です。これらの操作のように、マニフェストファイルに頼らない方法も覚えておきましょう。ここまでの操作で、Webサーバとして振る舞うnginxコンテナを実行するPodを3つ作成できました。続いてはClusterIP、NodePort、LoadBalancerの3種類のServiceを作成し、これらのPodにアクセスしていきます。

ClusterIP

第4章で見たように、ClusterIPはクラスタの内部からPodにアクセスする手段です。ここでもマニフェストファイルを用いずに`kubectl create`を使用してClusterIPを作成します。

```
$ kubectl expose deployment/nginx --port=80 --target-port=80 \
--name=nginx --type=ClusterIP
service/nginx exposed

$ kubectl get services
NAME         TYPE        CLUSTER-IP     EXTERNAL-IP   PORT(S)   AGE
kubernetes   ClusterIP   10.28.0.1      <none>        443/TCP   27d
nginx        ClusterIP   10.28.11.77    <none>        80/TCP    3s
```

クラスタ内部から接続できることを確認したいので、alpineコンテナを起動してシェルにログインし、必要なパッケージをインストールします。

```
$ kubectl run -it --generator=run-pod/v1 alpine --image=alpine ash
If you don't see a command prompt, try pressing enter.
# パッケージをアップデート
/ # apk update
fetch http://dl-cdn.alpinelinux.org/alpine/v3.10/main/x86_64/APKINDEX.tar.gz
fetch http://dl-cdn.alpinelinux.org/alpine/v3.10/community/x86_64/APKINDEX.tar.gz
v3.10.2-53-g1c04cce703 [http://dl-cdn.alpinelinux.org/alpine/v3.10/main]
v3.10.2-42-g95d37f7648 [http://dl-cdn.alpinelinux.org/alpine/v3.10/community]
OK: 10336 distinct packages available

# curlをインストール
/ # apk add curl
(1/4) Installing ca-certificates (20190108-r0)
(2/4) Installing nghttp2-libs (1.39.2-r0)
(3/4) Installing libcurl (7.66.0-r0)
(4/4) Installing curl (7.66.0-r0)
Executing busybox-1.30.1-r2.trigger
Executing ca-certificates-20190108-r0.trigger
OK: 7 MiB in 18 packages

# nginx ClusterIPに対してリクエストを実行する
/ # curl -i nginx
HTTP/1.1 200 OK
Server: nginx/1.16.1
Date: Tue, 17 Sep 2019 10:28:43 GMT
Content-Type: text/html
Content-Length: 612
Last-Modified: Tue, 13 Aug 2019 15:45:55 GMT
Connection: keep-alive
ETag: "5d52db33-264"
Accept-Ranges: bytes

# コンテナから抜ける
/ # exit
```

ClusterIPはクラスタ内部からのみアクセスできるので、ClusterIPを利用する場合クラスタの外側からnginxにアクセスすることはできません。クラスタの外側からアクセスする方法の1つにNodePortがあります。NodePortを作る前に、ここで作成したClusterIPを削除しておきましょう。

```
$ kubectl delete svc nginx
service "nginx" deleted
```

NodePort

NodePortは、Kubernetesクラスタを構成するNodeの決められたPortにアクセスした際に、Podにポートフォワーディングされる Serviceです。クラスタを構成するNodeはデフォルトで外部IPアドレスを持っているので、インターネットを経由してアクセスすることができます。NodePortを作成するには、例えば次のコマンドを実行します。

```
$ kubectl create service nodeport nginx --node-port=30000 --tcp=8080:80
service/nginx created
```

`--node-port`オプションは、NodeがPodに転送するポート番号を指定しています。NodePortに指定できるポート番号は予め範囲が決まっていて、30000番から32767番の範囲を指定することができます。`--tcp=port:targetPort`は、実はClusterIPに相当するクラスタ内部通信用の指定をしています。この例では`--tcp=8080:80`と指定しているので、このnginxという名前のServiceに対して8080番でアクセスした際に、Podの80番へ転送されます。NodePortが適切に設定されていることを確認するために、Nodeの外部IPアドレスに対してローカルマシンからリクエストを送ってみましょう。まずはクラスタを構成するNodeの外部IPアドレスを`kubectl get nodes -o wide`で調べます。結果は一部のみ抜粋しています。

```
$ kubectl get nodes -o wide
NAME                                          INTERNAL-IP      EXTERNAL-IP
gke-gke-cluster-default-pool-fce83ce4-bqzx   10.146.15.209    35.243.122.143
gke-gke-cluster-default-pool-fce83ce4-m9ng   10.146.15.221    35.200.4.120
gke-gke-cluster-default-pool-fce83ce4-w2vb   10.146.15.222    34.85.43.59
```

EXTERNAL-IPのうち、どれでもよいので1つのIPアドレスの30000番ポートへローカルマシンからHTTPリクエストを送ってみましょう。

```
$ curl -i 35.243.122.143:30000
```

しかし、この状態ではレスポンスは得られないはずです。これはKubernetesの設定に問題があるわけではなく、GCPのファイアウォールによるものです。GKEクラスタ作成時、明示的に--networkオプションでクラスタを作成するVPCネットワークを指定しない場合、defaultネットワークにクラスタが作成されます。つまり、このクラスタを構成するNodeにはdefaultネットワークのファイアウォールが適用されることになります。ここでgcloud compute firewall-rules listにいくつかオプションを付けて実行し、defaultネットワークのファイアウォールルールを調べてみましょう。

```
$ gcloud compute firewall-rules list \
--filter=NETWORK=default \
--format="table(
  name,
  network,
  direction,
  priority,
  allowed[].map().firewall_rule().list():label=ALLOW,
  sourceRanges.list():label=SRC_RANGES)"
NAME                          NETWORK  DIRECTION  PRIORITY  ALLOW
SRC_RANGES
default-allow-icmp            default  INGRESS    65534     icmp
0.0.0.0/0
default-allow-internal        default  INGRESS    65534     tcp:0-65535,udp:0-
65535,icmp  10.128.0.0/9
default-allow-rdp             default  INGRESS    65534     tcp:3389
0.0.0.0/0
default-allow-ssh             default  INGRESS    65534     tcp:22
0.0.0.0/0
gke-gke-cluster-115be8f0-all  default  INGRESS    1000      sctp,tcp,udp,icmp,esp,a↩
h     10.24.0.0/14
gke-gke-cluster-115be8f0-ssh  default  INGRESS    1000      tcp:22
35.187.202.222/32
gke-gke-cluster-115be8f0-vms  default  INGRESS    1000      icmp,tcp:1-65535,udp:1-↩
65535  10.128.0.0/9
```

　このように、インターネット越しにNodePortに相当するポートに到達できるファイアウォールルールが設定されていないので、先ほどのリクエストはエラーになったのです。外部からNodePortにアクセスするために、インターネット越しに（0.0.0.0/0）NodePort（30000～32767）へ到達できるファイアウォールルールを設定しましょう。

```
$ gcloud compute firewall-rules create allow-nodeport \
    --allow=tcp:30000-32767 \
    --direction=INGRESS \
    --network=default \
    --source-ranges=0.0.0.0/0 \
    --priority=1000
```

正常にファイアウォールルールが作成できたら、先ほどと同じリクエストを送ってみてください。今度はうまくいきます。

```
$ curl -i 35.243.122.143:30000
HTTP/1.1 200 OK
Server: nginx/1.16.1
...
```

実際にはインターネットに公開するサービスをNodePortで公開することはありません。クラスタを構成するNodeは複数存在するのが当たり前ですし、NodePortのような単一Nodeの外部IPアドレスへ依存してしまうと、そのNodeに障害が発生した際にサービス全体が止まってしまう可能性があります。インターネットにサービスを公開する方法として使うのは、LoadBalancerです。NodePortの振る舞いが理解できたところで、作成したServiceを削除しておきましょう。

```
$ kubectl delete svc nginx
service "nginx" deleted
```

LoadBalancer

GKEにおけるKubernetesのLoadBalancerは、GCPの負荷分散のうち、ネットワーク負荷分散[注3]を使用します。ネットワーク負荷分散はHTTPリクエストに限らず、任意のUDP、TCP、SSLトラフィックを負荷分散できます。

LoadBalancerを作成すると、GCPのネットワーク負荷分散のために外部IPアドレスが1つ払い出され、そのIPアドレスに対してリクエストを送ることが可能になります。早速LoadBalancerを作成してみましょう。次のようにkubectl create serviceを実行したら、すぐにkubectl get services -wを実行してください。

```
$ kubectl create service loadbalancer nginx --tcp=8080:80
service/nginx created

$ kubectl get services -w
NAME         TYPE           CLUSTER-IP    EXTERNAL-IP    PORT(S)          AGE
kubernetes   ClusterIP      10.28.0.1     <none>         443/TCP          29d
nginx        LoadBalancer   10.28.2.228   <pending>      8080:31940/TCP   6s
nginx        LoadBalancer   10.28.2.228   35.200.27.42   8080:31940/TCP   44s
```

しばらくすると、<pending>となっていたEXTERNAL-IPに値が割り当てられた1行が新

注3 https://cloud.google.com/load-balancing/docs/network/setting-up-network?hl=ja

しく出力されます。-wオプションは、kubectl getコマンドの結果に変更が発生したときに、その更新をログに吐き出してくれる便利なオプションです。ここでは<pending>状態だったネットワーク負荷分散の外部IPアドレスが割り当てられる様子を観測するために用いました。

--tcp=port:targetPortの指定により、この負荷分散の外部IPアドレスの8080番にトラフィックを送ると、Podの80番に転送されます。

```
$ curl -i 35.200.27.42:8080
HTTP/1.1 200 OK
Server: nginx/1.16.1
```

LoadBalancerを作成したときにGCPで何が起こっているのかを少し説明します。GCPにおけるネットワーク負荷分散では**forwarding-rule**というリソースが作成されます。実際にforwarding-ruleの一覧をgcloud compute forwarding-rules listで確認してみましょう。

```
$ gcloud compute forwarding-rules list
NAME                              REGION           IP_ADDRESS    IP_PROTOCOL  TARGET
a7f5f3f2bdb5b11e98c6242010a92026  asia-northeast1  35.200.27.42  TCP          asia-⏎
northeast1/targetPools/a7f5f3f2bdb5b11e98c6242010a92026
```

LoadBalancerの外部IPと同じIPアドレスが設定されていることを確認できましたね。このforwarding-ruleは**targetPool**に対してトラフィックを転送します。TARGETカラムに記載されているものがまさにtargetPoolそのものなので、今度はこのtargetPoolをgcloud compute target-pools describeコマンドで調べてみましょう。

```
$ gcloud compute target-pools describe a7f5f3f2bdb5b11e98c6242010a92026 \
--region=asia-northeast1
creationTimestamp: '2019-09-19T21:03:07.208-07:00'
description: '{"kubernetes.io/service-name":"default/nginx"}'
healthChecks:
- https://www.googleapis.com/compute/v1/projects/PROJECT_ID/global/httpHealthChecks⏎
/k8s-304e3cc6a76d46fe-node
id: '6910879402560188820'
instances:
- https://www.googleapis.com/compute/v1/projects/PROJECT_ID/zones/asia-northeast1-⏎
a/instances/gke-gke-cluster-default-pool-fce83ce4-bqzx
- https://www.googleapis.com/compute/v1/projects/PROJECT_ID/zones/asia-northeast1-⏎
a/instances/gke-gke-cluster-default-pool-fce83ce4-m9ng
- https://www.googleapis.com/compute/v1/projects/PROJECT_ID/zones/asia-northeast1-⏎
a/instances/gke-gke-cluster-default-pool-fce83ce4-w2vb
```

```
kind: compute#targetPool
name: a7f5f3f2bdb5b11e98c6242010a92026
region: https://www.googleapis.com/compute/v1/projects/PROJECT_ID/regions/asia-nort↩
heast1
selfLink: https://www.googleapis.com/compute/v1/projects/PROJECT_ID/regions/asia-no↩
rtheast1/targetPools/a7f5f3f2bdb5b11e98c6242010a92026
sessionAffinity: NONE
```

instancesフィールドに注目すると、ここに書かれている3つのインスタンスはGKEクラスタを構成するNodeであることがわかります。負荷分散からGKEクラスタに到達する流れを簡単に図にすると、図5.3.1のようになります。

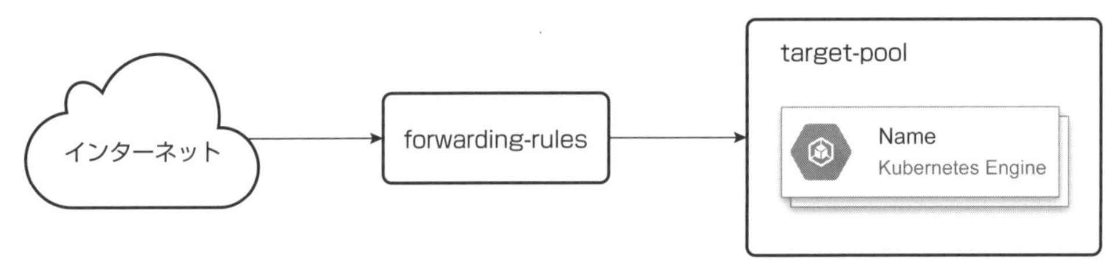

図5.3.1　負荷分散の流れ

LoadBalancerを使用して自分たちのコンテナをインターネットに公開する方法は理解できたと思います。KubernetesにおけるLoadBalancerの挙動を理解することは大切ですが、Kubernetesクラスタが実行される各環境での振る舞いを理解することも同じくらい重要です。

例えば、先ほどKubernetesを介して起動したネットワーク負荷分散は、OSI参照モデルではトランスポート層で動作し、その外部IPアドレスは単一リージョンに依存します。しかし、自分たちのコンテナをグローバルに展開したい、リクエストのホスト名やリクエストパスによって到達するコンテナを分けたいといったことを考えた際には、アプリケーション層の負荷分散が必要になります。GCPには沢山の負荷分散が存在しますが、その中の1つに**HTTP負荷分散**というものがあります。

続いては、GKEでHTTP負荷分散を使用するIngressについて解説します。次へ進む前に、ここで作成したLoadBalancerは削除しておいてください。

```
$ kubectl delete svc nginx
service "nginx" deleted
```

Ingress

Ingressは、HTTPリクエストに限ってアプリケーション層でトラフィックを分散するグローバルなエンドポイントを持った負荷分散です。SSL証明書をインストールしたり、リクエスト元のユーザの地理的近接性に基づいて、トラフィックが流れるtargetPoolを最も近いリージョンのものに自動的に設定したりといったことを行ってくれます。Ingressは`kubectl create`コマンドでは作成できないので、例えば次のようなマニフェストファイルを利用します。

リスト5.3.1 Ingress

```
apiVersion: networking.k8s.io/v1beta1
metadata:
  name: ingress-lb
spec:
  rules:
    - host: foo.bar.com # HTTPリクエストのHostヘッダー
      http:
        paths:
          - backend:
              serviceName: nginx # Ingressが流すServiceの名前
              servicePort: 8080  # Serviceのポート番号
```

実はIngressだけではPodに到達することはできません。Ingressが担うのは、「どのようなHTTPリクエストをどのServiceに流すのか」ということだけです。そのため、まずはIngressからのトラフィックを受け取るServiceが必要になります。

次に考えるのは、どのタイプのServiceを作成するかです。Ingressはクラスタの外からのトラフィックを受け取ってServiceへトラフィックをルーティングするので、クラスタの中からのトラフィックに対するエンドポイントとなるClusterIPではIngressからのトラフィックは受け取れません。そのため、作成するServiceはNodePortまたはLoadBalancerです。今回はNodePortを使うので、`kubectl create service nodeport`で作成しましょう。

```
$ kubectl create service nodeport nginx --node-port=30000 --tcp=8080:80
service/nginx created
```

Ingressを作成するために、先ほどのリスト5.3.1をingress.yamlという名前で保存します。第4章ではマニフェストを直接記述していましたが、`kubectl apply -f ファイル名`とすれば保存されたファイルをマニフェストとして指定することが可能です。

```
$ kubectl apply -f ingress.yaml
ingress.extensions/ingress-lb created
```

続いてkubectl get ingress -wで、Ingressに外部IPアドレスが割り当てられる様子を観測します。

```
$ kubectl get ingress -w
NAME         HOSTS         ADDRESS       PORTS   AGE
ingress-lb   foo.bar.com                 80      4m11s
ingress-lb   foo.bar.com   34.102.168.1   80     7m45s
```

ここでは34.102.168.1というIPアドレスが割り当てられました。HTTP負荷分散の暖機運転のため、外部IPアドレスが割り当てられてもすぐにレスポンスを得ることはできません。筆者の経験上、10分以上かかることもあります。HTTP負荷分散の起動が完了すると、次のように34.102.168.1に対してHostヘッダー**foo.bar.com**を付けてリクエストを送ればnginxのPodへ到達できます。404が返ってくるときは、まだ負荷分散の起動が完全に完了していないので、そのまましばらく待ってから実行してみてください。

```
$ curl -i -H "Host: foo.bar.com" 34.102.168.1
HTTP/1.1 200 OK
Server: nginx/1.16.1
... (以下省略)
```

このようにIngressは、HTTPリクエストのヘッダーやリクエストパスを見て指定したServiceにトラフィックを割り当てられるので、次のようなyamlファイルを記述して、1つのKubernetesクラスタに複数のServiceを起動することもできます。

リスト5.3.2 複数のServiceを起動

```
kind: Ingress
apiVersion: networking.k8s.io/v1beta1
metadata:
  name: ingress
spec:
  rules:
    - host: example.com
      http:
        paths:
          - path: /api/v1/*
            backend:
              serviceName: nginx-v1
```

```
            servicePort: 80
        - path: /api/v2/*
          backend:
            serviceName: nginx-v2
            servicePort: 80
  - host: image.exapmle.com
    http:
      paths:
        - backend:
            serviceName: image
            servicePort: 80
```

HTTP負荷分散はその名の通り、HTTPリクエストのみを負荷分散できる一方でとても高機能なので、GCPでHTTPリクエストを分散させる際は使用しましょう。

Column ▶ 予約したIPアドレスをIngressで使う

HTTP負荷分散を頻繁に使うようになると、自分たちのドメインを使いたいと考えるようになります。ここまではランダムに付与された外部IPアドレスを使用してきましたが、GCPでIPアドレスを予約し、そのIPアドレスをIngressに割り当てる方法を紹介します。まず、HTTP負荷分散はグローバルなリソースなので、グローバルIPアドレスを予約します。GCPにはリージョナルなIPアドレスとグローバルなIPアドレスの2種類が存在するので、間違えないように気をつけましょう。

```
$ gcloud compute addresses create ingress-ip --global
Created [https://www.googleapis.com/compute/v1/projects/PROJECT_ID/global/addre↩
sses/ingress-ip].
```

これにより**ingress-ip**という名前でグローバルIPアドレスを取得できます。このアドレスをIngressで使う際は、Ingressの`metadata.annotations`フィールドで指定します。

リスト5.3.3　Ingressに外部IPアドレスを指定

```
kind: Ingress
apiVersion: networking.k8s.io/v1beta1
metadata:
  name: ingress-lb
  annotations:
    kubernetes.io/ingress.global-static-ip-name: "ingress-ip"
spec:
  rules:
    - host: foo.bar.com
```

```
    http:
      paths:
        - backend:
            serviceName: nginx
            servicePort: 8080
```

5.4 高度なクラスタの構築

GKEで何も考えずにKubernetesクラスタを作るだけなら、本章の冒頭で示したように`gcloud container clusters create`を実行すればよいだけです。しかし、それだけではGKEの力を存分に引き出すことはできていません。そこで、知っておくべき便利な機能をコマンドラインオプション注4とともに紹介します（表5.4.1）。なお、いくつかのオプションについては、追加で解説を後述します。

表5.4.1　クラスタ作成オプション

オプション	意味
`--cluster-version`	Kubernetesのバージョンを指定する
`--enable-autoupgrade`	マスターのバージョンが上がった際にNodeのバージョンを自動的に追従させる
`--enable-stackdriver-kubernetes`	Stackdriver Kubernetes Engine Monitoringを有効にする
`--machine-type`	Nodeのマシンタイプを指定する
`--node-labels`	NodeにKubernetesから識別できるラベルを付ける
`--node-locations`	Nodeを配置するゾーンを指定する
`--num-nodes`	1ゾーンあたりのNodeの数を指定する
`--preemptible`	プリエンプティブルVMでNodeを作成する
`--enable-autoscaling`	Nodeのオートスケールを有効にする
`--enable-master-authorized-networks`	`kubectl`コマンドを用いてマスターにリクエストを送信できるネットワーク範囲を限定する

注4　https://cloud.google.com/sdk/gcloud/reference/container/clusters/create

オプション	意味
--master-authorized-networks	マスターへkubectlコマンドで命令を送れるIPアドレス範囲を指定する。
--enable-private-nodes	Nodeが外部IPアドレスを持たなくなる
--region	クラスタを作成するリージョンを指定する
--zone	単一ゾーン、またはマルチゾーンクラスタを作成するときのマスターが配置されるゾーンを指定する

5.4.1 --cluster-version

KubernetesはOSSとして開発されており、日々バグフィックスや機能の追加が行われて様々なバージョンがリリースされています。このオプションは、GKEでKubernetesのバージョンを指定したいときに使用します。なお、GKEで使用できるバージョンはgcloud container get-server-configで取得できます。

```
$ gcloud container get-server-config --region=asia-northeast1
Fetching server config for asia-northeast1
defaultClusterVersion: 1.13.7-gke.8
defaultImageType: COS
validImageTypes:
- UBUNTU
- COS_CONTAINERD
- UBUNTU_CONTAINERD
- COS
validMasterVersions:
- 1.14.6-gke.1
- 1.14.3-gke.11
- 1.13.10-gke.0
- 1.13.9-gke.3
- 1.13.7-gke.24
- 1.13.7-gke.19
- 1.13.7-gke.8
- 1.13.6-gke.13
... (以下省略)
```

利用するときは--cluster-version=1.14.6-gke.1のように指定します。

5.4.2 --enable-autoupgrade

GKEのバージョンには、図5.4.1と図5.4.2に示すようにマスターのバージョンとNodeのバージョンの2種類が存在します。このオプションを指定すると、Nodeのバージョンアップが可能なときに自動でバージョンアップされます。

図5.4.1　マスターのバージョン

図5.4.2　Nodeのバージョン

5.4.3 --enable-stackdriver-kubernetes

GCPのモニタリングツールとしてStackdriver Monitoring[注5]があり、よりKubernetesのモニタリングに特化したものがStackdriver Kubernetes Engine Monitoring[注6]です。

注5　https://cloud.google.com/monitoring/docs/
注6　https://cloud.google.com/kubernetes-engine-monitoring/

5.4.4 --node-labels

Kubernetesには、Podを配置するNodeを指定するためにnodeAffinity注7というフィールドがあります。

nodeAffinityがNodeを判別するために用いるのがNodeのラベルであり、それを指定するのがこの--node-labelsオプションです。例えば、あるPodを**role=app**というラベルの付いたNodeに配置するには、まず--node-labels=role=appと指定したのち、Kubernetesのマニフェストファイルで次のように記述します。

リスト5.4.1　nodeAffinityフィールドの利用

```
apiVersion: v1
kind: Pod
metadata:
  name: with-node-affinity
spec:
  affinity:
    nodeAffinity:
      requiredDuringSchedulingIgnoredDuringExecution:
        nodeSelectorTerms:
        - matchExpressions:
          - key: role
            operator: In
            values:
            - app
```

5.4.5 --node-locations

このオプションの説明をする前に、GKEの可用性について説明します。GKEで作成できるクラスタは、シングルゾーンクラスタ、マルチゾーンクラスタ、リージョンクラスタと、大きく3種類に分けられます。マルチゾーンクラスタとリージョンクラスタでは、マスターが配置されるリージョンに違いがあります。GKEには開発者から見えるNodeとは別に、Googleによって管理されるマスターが存在しています。シングルゾーンクラスタまたはマルチゾーンクラスタの場合はマスターは単一のゾーンにしか存在していませんが、リージョンクラスタの場合は複数のゾーンにマスターが分散されるため、ゾーン障害に強くなります。リージョンクラスタにすることで追加の料金がかかることはないので、基本的にはリージョンクラス

注7　https://kubernetes.io/docs/concepts/configuration/assign-pod-node/

タを作成することをお勧めします。例えば、東京リージョンの3つのゾーンにリージョンクラスタを作成する場合は次のようなコマンドを実行します。

```
$ gcloud container clusters create REGION_CLUSTER_NAME \
--region=asia-northeast1 \
--node-locations=asia-northeast1-a,asia-northeast1-b,asia-northeast1-c \
--cluster-version=latest
```

このコマンドのように、リージョンクラスタを作成するときにNodeが起動するゾーンを指定するのが`--node-locations`オプションです。

5.4.6 --preemptible

これはGKE特有のオプションではなく、GCPにおいてVMインスタンスを起動する際の共有オプションです。GCPにはプリエンプティブルVM[注8]と呼ばれるVMがあります。通常24時間以内に停止する代わりに、安価に使えるVMです。

プリエンプティブルVMは実行が保証されないので本番での運用には注意が必要ですが、筆者はよく開発環境として積極的に利用しています。

5.4.7 ノードプールについて

GKEではKubernetesクラスタを構成するNodeは必ず**ノードプール**に属しています。ノードプールとはクラスタを構成するNodeの集合のようなもので、ノードプール単位でマシンタイプやオートスケールの有無などが決まっています。ここまではノードプールの存在を意識してきませんでしたが、実はデフォルトで`default-pool`というノードプールが存在しています。GKEではノードプール単位で設定するものが多くあり、どのノードプールにどのような役割を与えるのかを意識して設計しなければなりません。

例えば、`--machine-type`や`--node-labels`はノードプールごとに設定できます。Kubernetesで実行されるコンテナとして、Webサーバのように比較的少ないリソースで実行できるものや、データベースのように大量のリソースを消費するものなどが共存するケースが考えられます。このような場合に、Webサーバはn1-standard-1のマシンタイプで作成したノードプールで実行し、データベースはn1-highmem-4で作成したノードプールで実行するといったことが可能です。自分たちの実行したいコンテナに応じて、適切にノードプールを作成することがGKE運用の第一歩です。既存のgke-clusterにn1-highmem-4のマシンタイ

注8 `https://cloud.google.com/preemptible-vms`

プで、オートスケールを有効にし、role=dbとラベルを付け、プリエンプティブルVMでノードプールを作成するには、次のようなコマンドを実行します。

```
$ gcloud container node-pools create db-pool \
  --cluster=gke-cluster \
  --zone=asia-northeast1-a \
  --num-nodes=1 \
  --machine-type=n1-highmem-4 \
  --node-labels=role=db \
  --enable-autoscaling --max-nodes=3 --min-nodes=0 \
  --preemptible
```

5.5 他サービスとの連携

単純なHTMLを返すようなWebサーバであればGKEさえあれば要件を満たせますが、実際にはGCPの他のサービスと連携が必要な場合があります。例えばGCPのデータベースにデータを保存するようなコードを書いた場合、そのコードを実行するコンテナがデータベースに書き込む権限を持っていなければなりません。この節では、コンテナをGCPのサービスに認可させる方法を、Cloud Pub/Sub（PubSub）のトピックにメッセージを送信する例を用いて紹介します。

5.5.1 認証と認可

GCPの各サービスから提供されているクライアントライブラリは、大きく分けて2つの方法でGCPのサービスに対する認可を受けます。1つは、`gcloud auth application-default login`というコマンドを使って、必要な権限を持っているユーザアカウントでログインする方法です。この方法は、自分のローカルマシンで試験的にコードを実行する際は便利ですが、GCPでホストするコンテナで毎回ログインをするのは現実的ではありませんし、またユーザアカウントで認可を受けてしまうと、その人が退職した場合のことを考えなければなりません。もう1つの方法として、GCPでは、**サービスアカウント**という仮想のアカウントを作成し、そのサービスアカウントに対し必要最小限の権限を割り当てて認可のアカウントとして利用することができます。今回はこちらの方法を用います。

サービスアカウント鍵ファイルと環境変数

まず、PubSubにメッセージを送信する権限を持ったサービスアカウントを作成します。なんの権限も持たないサービスアカウントを作成し、そのサービスアカウントに対して後から権限を付与するというイメージをしてください。

```
$ gcloud iam service-accounts create pubsub-publisher
Created service account [pubsub-publisher].
```

これでサービスアカウント`pubsub-publisher`が作成されました。続いてこのサービスアカウントに権限を割り当てるのですが、GCPでは**役割**というものを割り当てます。ここで問題になるのは、どんな名前の役割がPubSubへメッセージを送信できる権限を持っているのかという点です。GCPの役割の一覧は公式ドキュメントの「役割について」注9というページに記載されており、筆者も頻繁に参照しています。

このドキュメントのPubSubの役割の中にはroles/pubsub.publisherという役割が存在していて、PubSubへメッセージを送信することができます。先ほど作成したサービスアカウントpubsub-publisherにこの役割を与えるには、次のようにgcloud projects add-iam-policy-bindingコマンドを実行します。

```
$ gcloud projects add-iam-policy-binding PROJECT_ID \
  --member=serviceAccount:pubsub-publisher@PROJECT_ID.iam.gserviceaccount.com \
  --role=roles/pubsub.publisher
```

続いて、このサービスアカウントの認証/認可情報であるファイルをjson形式で作成します。このファイルのことを、**サービスアカウント鍵ファイル**と呼びます。

```
$ gcloud iam service-accounts keys create credential.json \
  --iam-account=pubsub-publisher@PROJECT_ID.iam.gserviceaccount.com \
  --key-file-type=json
```

作成されたcredential.jsonが外部に漏れてしまうと、自分のプロジェクトのPubSubトピックへメッセージを送信できてしまうので、取り扱いには十分注意してください。サービスアカウント鍵ファイルが作成できたら、次に重要なのは環境変数GOOGLE_APPLICATION_CREDENTIALSです。GCPのクライアントライブラリは、この環境変数に設定されているサービスアカウント鍵ファイルを使ってGCPへの認証と認可を行います。つまり、コンテナの中にサービスアカウント鍵ファイルが作成され、環境変数GOOGLE_APPLICATION_CREDENTIALSに次のように設定されていることを期待すればよいのです。

```
GOOGLE_APPLICATION_CREDENTIALS=/path/to/credential.json
```

5.5.2 Cloud Pub/Subにメッセージを Publishする

サービスアカウント鍵ファイルと環境変数GOOGLE_APPLICATION_CREDENTIALSを理解できたところで、早速PubSubにメッセージ送信するWebサーバをGKEで起動してみましょう。次のコマンドで、PubSubトピックとサブスクリプションを作成してください。トピッ

注9 https://cloud.google.com/iam/docs/understanding-roles

クとサブスクリプションの関係については本書では詳しく説明しませんが、トピックはメッセージを一時的に蓄える場所であり、サブスクリプションはメッセージを引き出す口のようなものだと考えてください。

```
# トピックの作成
$ gcloud pubsub topics create sample-topic

# サブスクリプションの作成
$ gcloud pubsub subscriptions create sample-subscription --topic=sample-topic
```

続いて、サンプルコードの05/pubsubディレクトリへ移動します[注10]。トピックにメッセージを送信するサンプルコードmain.goの一部をリスト5.5.1に抜粋します。

リスト5.5.1 main.goの一部

```
var PROJECT_ID = os.Getenv("PROJECT_ID")
var PUBSUB_TOPIC = os.Getenv("PUBSUB_TOPIC")

func main() {
    if PROJECT_ID == "" || PUBSUB_TOPIC == "" {
        log.Fatal("Please set PROJECT_ID or/and PUBSUB_TOPIC")
    }
    http.HandleFunc("/", indexHandler)
    port := os.Getenv("PORT")
    if port == "" {
        port = "80"
        log.Printf("Defaulting to port %s", port)
    }

    log.Printf("Listening on port %s", port)
    log.Fatal(http.ListenAndServe(fmt.Sprintf(":%s", port), nil))
}
```

このプログラムは、HTTPリクエストを受けたら、環境変数PROJECT_IDで指定したプロジェクトの環境変数PUBSUB_TOPICで指定したトピックにJSON形式の文字列を送信します。GKEでこのプログラムを実行するために、ここまでの章の内容を思い出しながら、まずはコンテナをビルドしてGoogle Container Registry（GCR）にpushしましょう。

```
# コンテナをビルド
$ docker build -t gcr.io/PROJECT_ID/pubsub-publisher .
```

注10 サンプルコードについては「はじめに」を参照してください。

```
# コンテナをGCRへpush
$ docker push gcr.io/PROJECT_ID/pubsub-publisher
```

コンテナをpushできたら、次はサービスアカウント鍵ファイルを使わないコンテナを起動して、PubSubにメッセージを送信できないことを確認します。kubernetes/pubsub-publisher-no-credentials.yaml（リスト5.5.2）を用意したので、中身を覗いてみましょう。

リスト5.5.2　pubsub-publisher-no-credentials.yaml

```
apiVersion: v1
kind: Pod
metadata:
  name: pubsub-publisher-no-credential
  labels:
    app: web
spec:
  containers:
    - name: pubsub-publisher
      image: gcr.io/PROJECT_ID/pubsub-publisher # Fixme
      env:
        - name: PROJECT_ID
          value: PROJECT_ID # Fixme
        - name: PUBSUB_TOPIC
          value: sample-topic
      ports:
        - containerPort: 80
---
apiVersion: v1
kind: Service
metadata:
  name: pubsub-publisher
spec:
  type: LoadBalancer
  selector:
    app: web
  ports:
    - port: 80
      targetPort: 80
```

このマニフェストファイルには、たった今pushしたばかりのコンテナをLoadBalancerでホストする定義が書いてあります。*PROJECT_ID*の部分をご自身のプロジェクトIDに書き換えてから、kubectl apply -f kubernetes/pubsub-publisher-no-credentials.yamlでデプロイして、次のようにコンテナのログを見ながらLoadBalancerの外部IPアドレスにHTTPリクエストを送ります。

```
# コンテナのログをリアルタイムに観測する
$ kubectl logs -f pubsub-publisher-no-credential
2019/09/25 07:23:09 Defaulting to port 80
2019/09/25 07:23:09 Listening on port 80

# LoadBalancerの外部IPアドレスを調べる
$ kubectl get services pubsub-publisher
NAME               TYPE           CLUSTER-IP    EXTERNAL-IP    PORT(S)        AGE
pubsub-publisher   LoadBalancer   10.28.2.228   35.200.27.42   80:31940/TCP   44s

# 別タブでターミナルを起動し、LoadBalancerの外部IPアドレスにHTTPリクエストを送る
# （外部IPアドレスの部分はご自身のpubsub-publisherのEXTERNAL_IPに書き換えてください）
$ curl -i 35.200.27.42

# すると、コンテナのログに次のような1行が出てくる
2019/09/25 07:28:08 rpc error: tt = PermissionDenied desc = Request had insufficien↵
t authentication scopes.
```

この権限不足を、サービスアカウント鍵ファイルを用いて解決します。Kubernetesでは、サービスアカウント鍵ファイルのような機密性の高い情報を保存しておくための仕組みとして、**Secret**というリソースが存在します。このSecretにサービスアカウント鍵ファイルであるcredential.jsonを保存するには、次のようにします。

```
$ kubectl create secret generic pubsub-credential --from-file=credential.json
secret/pubsub-credential created
```

Secretをコンテナにマウントし、環境変数`GOOGLE_APPLICATION_CREDENTIALS`に設定できれば、プログラムは正常に実行できます。そのように変更を加えたマニフェストファイル`kubernetes/pubsub-publisher.yaml`の一部をリスト5.5.3に抜粋します。

リスト5.5.3 pubsub-publisher.yaml

```
spec:
  volumes:
    - name: credential
      secret:
        secretName: pubsub-credential
  containers:
    - name: pubsub-publisher
      image: gcr.io/PROJECT_ID/pubsub-publisher
      env:
        - name: PROJECT_ID
          value: PROJECT_ID
```

```
    - name: PUBSUB_TOPIC
      value: sample-topic
    - name: GOOGLE_APPLICATION_CREDENTIALS
      value: /home/root/credential.json
  ports:
    - containerPort: 80
  volumeMounts:
    - mountPath: /home/root
      name: credential
```

Secretの内容をコンテナの中にファイルとしてマウントし、マウントしたファイルを環境変数に指定しています。*PROJECT_ID*の部分を自分のプロジェクトに書き換えてデプロイした後、curlコマンドでHTTPリクエストを送ってみてください。レスポンスが次のように変化します。

```
$ curl -i EXTERNAL_IP
HTTP/1.1 200 OK
Date: Wed, 25 Sep 2019 08:18:34 GMT
Content-Length: 13
Content-Type: text/plain; charset=utf-8

Hello, World!
```

レスポンスコードから、正常にHTTPリクエストを送れたらしいことがわかるので、PubSubトピックからメッセージを引き出してみましょう。

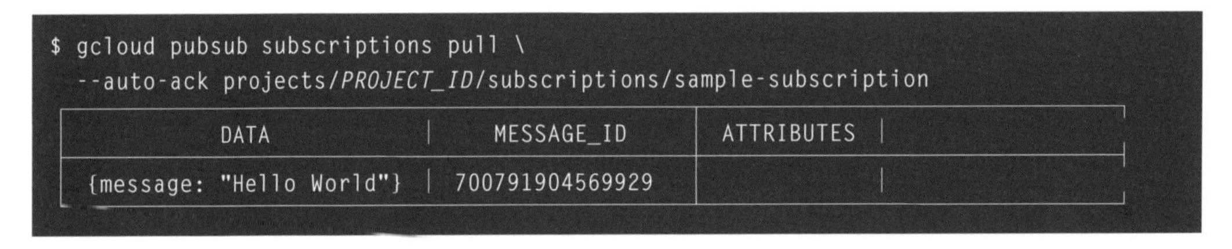

これがコンテナをGCPに認証させる方法ですが、実はこれは本書の執筆時点より少し前まで使われていた方法です。サービスアカウント鍵ファイルを作成することは、セキュリティの観点からも好ましくありません。このような問題を解決するために、GKEではWorkload Identity[注11]と呼ばれる機能があります。

注11　https://cloud.google.com/kubernetes-engine/docs/how-to/workload-identity

5.5.3 Cloud SQLに接続する

GKEを使うよくあるアーキテクチャとして、Cloud SQLへ接続する場合があります。Cloud SQLへ接続する方法は大きく分けると3つあります。

- Cloud SQLの外部IPアドレスへ接続する方法
- Cloud SQLの内部IPアドレスへ接続する方法
- cloud-sql-proxyを使って接続する方法

GCPでは、このうち3つ目の方法を推奨しています。これは図5.5.1に示すように、1つのPodに複数のコンテナが存在するマルチコンテナPodの練習としてもよい題材ですので、実際にやってみましょう。

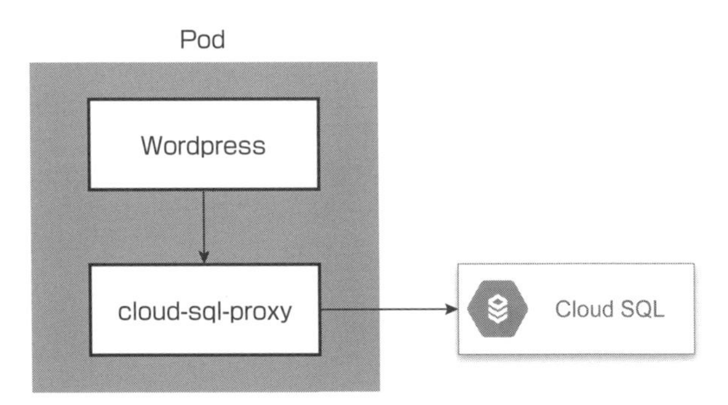

図5.5.1　cloud-sql-proxy

ここではWordPressをGKEで起動することを目指します。なお、本来WordPressは永続ディスクに依存するので、以降で示す方法はWordPressを本番環境で実行する手段としては不適切であることに注意してください。まずはMySQLのCloud SQLインスタンスを起動します。

```
$ gcloud sql instances create wordpress \
  --availability-type=zonal \
  --database-version=MYSQL_5_7 \
  --root-password=password \
  --zone=asia-northeast1-a
```

cloud-sql-proxyコンテナを利用するにあたっては、プロジェクトでCloud SQL Admin APIを有効化する必要があるので、次のコマンドで有効にしておきましょう。

```
$ gcloud services enable sqladmin.googleapis.com
```

また、Cloud SQLクライアントの役割を持ったサービスアカウント鍵ファイルが必要になるので、続いてサービスアカウントを作成し、役割を割り当てます。以降のコマンドやファイル中の*PROJECT_ID*をご自身のものに置き換えることを忘れないようにしてください。

```
# サービスアカウントの作成
$ gcloud iam service-accounts create wordpress-sql-client \
  --display-name="Wordpress SQL Client"
Created service account [wordpress-sql-client].

# Cloud SQLクライアントの役割を割り当てる
$ gcloud projects add-iam-policy-binding PROJECT_ID \
  --member=serviceAccount:wordpress-sql-client@PROJECT_ID.iam.gserviceaccount.com \
  --role=roles/cloudsql.client
Updated IAM policy for project [PROJECT_ID].
```

そしてサービスアカウント鍵ファイルを作成し、Secretとして用意します。

```
# サービスアカウント鍵ファイルの作成
$ gcloud iam service-accounts keys create credential.json \
  --iam-account=wordpress-sql-client@PROJECT_ID.iam.gserviceaccount.com \
  --key-file-type=json

# Secretの作成
$ kubectl create secret generic wordpress-sql-proxy --from-file=credential.json
secret/wordpress-sql-proxy created
```

後は、wordpressコンテナとcloud-sql-proxyコンテナを1つのPodに入れて、wordpressコンテナがMySQL接続要求をcloud-sql-proxyコンテナに向ければ完了です。wordpressコンテナの設定はDocker Hubのドキュメント注12を見ながら書いていきます。

リスト5.5.4　wordpress.yaml

```
apiVersion: v1
kind: Pod
metadata:
  name: wordpress
  labels:
    app: wordpress
spec:
```

注12　https://hub.docker.com/_/wordpress

```
  volumes:
    - name: wordpress-sql-credential
      secret:
        secretName: wordpress-sql-proxy
  containers:
    - name: wordpress
      image: wordpress:5.2.3-php7.1-apache
      env:
        - name: WORDPRESS_DB_HOST
          value: 127.0.0.1
        - name: WORDPRESS_DB_USER
          value: root
        - name: WORDPRESS_DB_PASSWORD
          value: password
        - name: WORDPRESS_DB_NAME
          value: wordpress
        - name: WORDPRESS_TABLE_PREFIX
          value: wp
      ports:
        - containerPort: 80
    - name: cloud-sql-proxy
      image: gcr.io/cloudsql-docker/gce-proxy:1.12
      command: ["/cloud_sql_proxy",
                "-instances=PROJECT_ID:asia-northeast1:wordpress=tcp:3306",
                "-credential_file=/home/root/credential.json"]
      ports:
        - containerPort: 3306
      volumeMounts:
        - mountPath: /home/root
          name: wordpress-sql-credential
---
kind: Service
metadata:
  name: wordpress
spec:
  type: LoadBalancer
  ports:
    - port: 80
      targetPort: 80
      name: http
  selector:
    app: wordpress
```

cloud-sql-proxyコンテナのコマンド中にある`-instances`オプションにはCloud SQLインスタンスへの接続名を記述する必要があり、これは`gcloud sql instances describe wordpress`で確認できます。wordpress.yamlをデプロイするとwordpressという名前の

LoadBalancerが作成されるので、ブラウザからHTTPで外部IPアドレスに接続すると、図5.5.2のようにWordPressの初期設定画面にたどり着けます。

図5.5.2　WordPressの初期設定画面

5.6 Podのスケールアウトとスケールイン

Kubernetesがコンテナのホスティングを支える機能の1つに、Podのオートスケールがあります。これは使用するCPUの使用量が定めた値を超えるとPodがオートスケールする仕組みであり、Kubernetesの重要な特徴です。この節では、Kubernetesがオートスケールを実現するHorizontalPodAutoscaler（HPA）について、設定方法と実際の挙動を紹介します。

5.6.1 HPAの設定方法

HPAはDeploymentリソースとセットで動作します。ここで注意して欲しいのは、Deploymentがあれば何でもよいわけではなく、あるプロパティが設定されたDeploymentリソースが必要という点です。まずは次のDeploymentのマニフェストファイルを見てください。

リスト5.6.1　deployment.yaml

```
apiVersion: apps/v1
kind: Deployment
metadata:
  name: nginx-deploy
spec:
  replicas: 3
  selector:
    matchLabels:
      app: nginx
  template:
    metadata:
      name: nginx
      labels:
        app: nginx
    spec:
      containers:
        - name: nginx
          image: nginx:stable-alpine
          resources:
            requests:
              cpu: 100m
```

```
        memory: 100Mi
      limits:
        cpu: 500m
        memory: 500Mi
```

HPAの設定において重要なのは、resources.requests.cpuの設定値です。resources.requestsは、そのコンテナがNodeに配置されるために空いている必要のあるリソース量を示しています。例えばGCPでは1vCPUが940mのCPUリソースを保持しており、resources.requests.cpuが100mというのは、基本的にこのコンテナは1vCPUの約10%のリソースがあれば正常に動くと期待していることになります。resources.limitsはresources.requestsの量をどこまで超えることを許容するかを示します。HPAではresources.requests.cpuの値が重要であると踏まえた上で、HPAを定義したリスト5.6.2を見てください。

リスト5.6.2　hpa.yaml

```
apiVersion: autoscaling/v1
kind: HorizontalPodAutoscaler
metadata:
  name: nginx-hpa
spec:
  maxReplicas: 10
  minReplicas: 1
  scaleTargetRef:
    apiVersion: apps/v1
    kind: Deployment
    name: nginx-deploy
  targetCPUUtilizationPercentage: 10
```

注目すべきは、targetCPUUtilizationPercentageの設定値である10です。プロパティ名だけに注目すれば、**PodのCPU使用率**だと考えてしまうかもしれませんが、それは半分間違っています。これは実際には、resources.requests.cpuに設定した値の10%という意味です。ここで、kubectl top podsを実行してみてください。

```
$ kubectl top pods
NAME                             CPU(cores)   MEMORY(bytes)
nginx-deploy-54758469f5-2v42q    0m           2Mi
```

これらはPodが現在使用しているCPUとメモリの値です。先ほどの設定のように、コンテナのresources.requests.cpuが100mであり、HPAのtargetCPUUtilizationが10の場合は、nginx-deployで起動するPodの平均CPU使用量が10mになるようにオートスケールされます。

`05/hpa.yaml`をデプロイして、実際にHPAの挙動を確認してみましょう。デプロイ後は、次のようなリソースが存在しているはずです。

```
$ kubectl get pods -l app=nginx
NAME                            READY   STATUS    RESTARTS   AGE
nginx-deploy-54758469f5-pv4g6   1/1     Running   0          23s
nginx-deploy-54758469f5-sw5gq   1/1     Running   0          24s
nginx-deploy-54758469f5-wtjp4   1/1     Running   0          24s

$ kubectl get services nginx-deploy-lb -o wide
NAME              TYPE           CLUSTER-IP     EXTERNAL-IP     PORT(S)        AGE     SELECTOR
nginx-deploy-lb   LoadBalancer   10.28.10.44    34.84.122.165   80:31000/TCP   5d13h   app=nginx

$ kubectl get hpa
NAME           REFERENCE                 TARGETS   MINPODS   MAXPODS   REPLICAS   AGE
nginx-deploy   Deployment/nginx-deploy   0%/10%    1         10        3          5d13h
```

ここではHPAはPodの最小数（`minReplicas`）を1、最大数（`maxReplicas`）を10と定めているので、負荷のない状態で放置すると、いずれPodは1つに減ります。興味のある方は、しばらく放っておいてPodが減ることを確認してみてください。hpaの状況をリアルタイムに観測するには、`kubectl get hpa -w`でREPLICASの値を見ていてください。

実際にHTTPリクエストを大量に送ってHPAの挙動を確認するために、ここではVegeta[注13]を使用します。nginx-deploy-lbの外部IPアドレスに対してVegetaでHTTPリクエストを送るには次のようにします。

```
$ echo "GET http://EXTERNAL_IP" | vegeta attack -rate=2000 | vegeta report
```

このコマンドは、毎秒100リクエストをロードバランサーに対して送り続け、停止時に結果を出力します。別のタブで`kubectl get hpa -w`などを実行してHPAの状態を観測しつつ、負荷をかけてみてください。筆者の場合は、次のようにHPAのスケールを確認できました。

```
$ kubectl get hpa -w
NAME           REFERENCE                 TARGETS   MINPODS   MAXPODS   REPLICAS   AGE
nginx-deploy   Deployment/nginx-deploy   0%/10%    1         10        1          5d14h
nginx-deploy   Deployment/nginx-deploy   76%/10%   1    10    1    5d14h
nginx-deploy   Deployment/nginx-deploy   76%/10%   1    10    4    5d14h
```

注13 https://github.com/tsenart/vegeta

```
nginx-deploy   Deployment/nginx-deploy   109%/10%   1     10    8     5d14h
nginx-deploy   Deployment/nginx-deploy   109%/10%   1     10    10    5d14h
nginx-deploy   Deployment/nginx-deploy   29%/10%   1     10    10    5d14h
nginx-deploy   Deployment/nginx-deploy   31%/10%   1     10    10    5d14h
nginx-deploy   Deployment/nginx-deploy   22%/10%   1     10    10    5d14h
nginx-deploy   Deployment/nginx-deploy   22%/10%   1     10    10    5d14h
```

ここではHPAの動作を確認しやすくするために、10%という低い値を設定しました。実際には、実行するアプリケーションがどの程度のリクエストを常時捌く必要があるかどうかによって、HPAの関連設定は大幅に変わります。今回のように負荷試験を実行して、適切な設定値を考えてください。

Column ▶ resourcesの本来の役割

コンテナに設定する`resources`は、HPAの振る舞いに影響を及ぼすのが本来の役割ではありません。これらの値は、PodをNodeに配置できるかどうか、およびそのコンテナを起動させ続けてもよいかどうかを判断しています。

例えばリスト5.6.1の例では、NodeのCPUに100m、メモリに100Miの空きがなければ、そのNodeにPodを配置できません。GCPでは1vCPUが940mのCPUリソースを持っているので、極端な話をすれば`requests.cpu`を1000mと指定するとPodを配置できなくなります。一方、`limits`は`memory`に対する設定が特に重要です。あるPodが`limits.memory`に設定した値以上のメモリを確保した場合、そのPodにはOOMKillが発生して強制的に再起動させられます。すべてのPodはNodeのリソースを消費する必要があるので、これらの値を適切に設定することで、大量のPodが1つのNodeに偏ってしまったり、Nodeのリソースを使いすぎたりすることを防ぎます。

5.7 GKEにおける永続ディスク

Kubernetesで課題の1つになるのが、永続データの取り扱いです。GKEではGCEの永続ディスクをコンテナにマウントできますが、ディスクの確保方法は**Dynamic Volume Provisioning**と**Static Volume Provisioning**の2通りがあります。

5.7.1 Dynamic Volume Provisioning

Dynamic Volume Provisioning（動的プロビジョニング）は、コンテナがボリュームを要求した際に、動的に永続ディスクを作成する機能です。動的プロビジョニングの流れは図5.7.1のようになります。

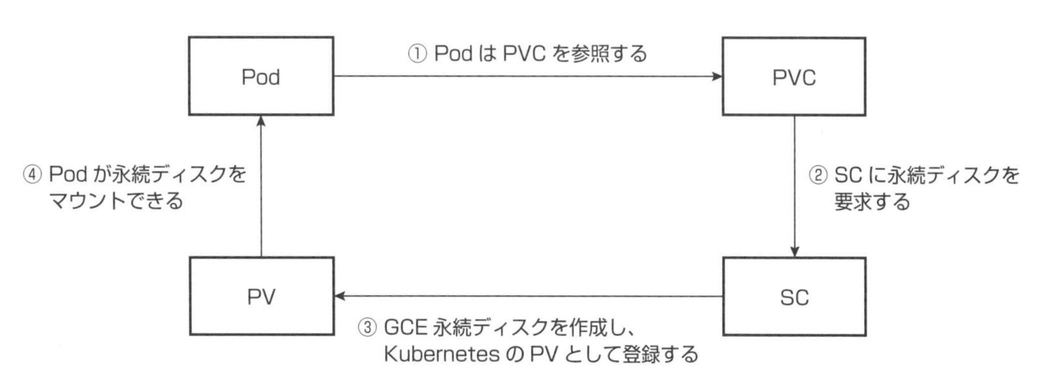

図5.7.1　Dynamic Volume Provisioning

PVC、PV、SCはそれぞれKubernetesのリソースです。

- PersistentVolumeClaim（PVC）
- PersistentVolume（PV）
- StorageClass（SC）

図5.7.1①で用いられる具体的なyamlの定義をリスト5.7.1に示します。Podが永続ディスクを要求する場合は、使用するPVCをPodのマニフェストファイルに記述します。

リスト5.7.1　PVCを使用するPod

```
apiVersion: v1
kind: Pod
metadata:
  name: nginx-with-volume
  labels:
    app: web
spec:
  volumes:
    - name: web-volume # ボリューム名
      persistentVolumeClaim:
        claimName: nginx-pvc # Podはnginx-pvcという名前のPVCに従ってボリュームを確保する
  containers:
    - name: nginx
      image: nginx:stable-alpine
      volumeMounts:
        - mountPath: /var/www/html # ボリュームをマウントするディレクトリの指定
          name: web-volume # 使用するボリューム名
---
apiVersion: v1
kind: PersistentVolumeClaim
metadata:
  name: nginx-pvc
spec:
  accessModes:
    - ReadWriteOnce
  storageClassName: standard # デフォルトで存在するSC
  resources:
    requests:
      storage: 10Gi # 要求するボリュームの容量
```

次の図5.7.1②のステップでは、実際にPodにマウントされる永続ディスクは存在していないので、PVCからSCへ永続ディスクの作成を要求しています。GKEではデフォルトでstandardという名前のSCが存在しており、このSCはGCEの永続ディスクを使用するように設定されています。

図5.7.1③では、SCがPVCの要求に応じてGCPのAPIから永続ディスクを作成し、Kubernetesが使えるようにPVにバインドします。PVが存在して初めてPodが永続ディスクを使えるようになります。

図5.7.1④は、PVCの要求を満たせるPVが動的プロビジョニングにより作成されたため、Podが永続ディスクをマウントできる様子を表します。この定義を記述したファイル05/dynamic-provisioning.yamlをデプロイしてみてください。Podが作成されるのはいつもと同様の挙動ですが、今回はPVCとPVも同時に作成されます。

```
$ kubectl get pvc
NAME        STATUS   VOLUME                                     CAPACITY   ACCESS ↩
MODES   STORAGECLASS   AGE
nginx-pvc   Bound    pvc-fe44fe4f-e4f1-11e9-919c-42010a9200f4   10Gi       RWO    ↩
        standard       3m50s

$ kubectl get pv
NAME                                       CAPACITY   ACCESS MODES   RECLAIM POLIC↩
Y   STATUS   CLAIM               STORAGECLASS   REASON   AGE
pvc-fe44fe4f-e4f1-11e9-919c-42010a9200f4   10Gi       RWO            Delete       ↩
    Bound    default/nginx-pvc   standard                3m49s
```

PVを定義したマニフェストは存在しませんが、PVCがSCから作成したPVは存在しています。データが永続することを確認するために`/var/www/html`に空のindex.htmlを作成し、Podを削除した後に再度作成してみましょう。

```
# index.htmlを作成する
$ kubectl exec nginx-with-volume -- touch /var/www/html/index.html

# Podを削除する
$ kubectl delete pods nginx-with-volume
pod "nginx-with-volume" deleted

# 再度Podを作成する
$ kubectl apply -f nginx-with-volume.yaml
pod/nginx-with-volume created
persistentvolumeclaim/nginx-pvc unchanged

# index.htmlの存在を確認する
$ kubectl exec nginx-with-volume -- ls /var/www/html
index.html
```

5.7.2 Static Volume Provisioning

動的プロビジョニングでは、存在しない永続ディスクを新たに作成してマウントしましたが、予め作成しておいた永続ディスクをPVとして利用することもできます。これをStatic Volume Provisioning（静的プロビジョニング）といい、フローは図5.7.2のようになります。

図5.7.2　Static Volume Provisioning

永続ディスクは次のコマンドで作成できます。

```
$ gcloud compute disks create web-volume --zone=asia-northeast1-a --size=10
...
NAME        ZONE               SIZE_GB  TYPE         STATUS
web-volume  asia-northeast1-a  10       pd-standard  READY
```

あとはこの永続ディスクweb-volumeをPVとして登録し、PVCを経由してPodが使用するだけです。具体的にPVとPVC間で交わされるマニフェストファイルをリスト5.7.2に示します。

リスト5.7.2　PVとPVC

```
apiVersion: v1
kind: PersistentVolume
metadata:
  name: web-volume
  labels:
    role: pd # Volumeにラベルを付ける
spec:
  accessModes:
    - ReadWriteOnce
  capacity:
    storage: 10Gi
  gcePersistentDisk:
    pdName: web-volume # 作成した永続ディスクの名前を指定する
    fsType: "ext4"
---
apiVersion: v1
kind: PersistentVolumeClaim
metadata:
  name: static-volume-claim
```

```
spec:
  accessModes:
    - ReadWriteOnce
  selector: # どのPVを使うのかを指定する
    matchLabels:
      role: pd
  storageClassName: "" # 動的プロビジョニングしないので空文字でよい
  resources:
    requests:
      storage: 10Gi
```

サンプルコードを本書のGitHubの05/static-provisioning.yamlに用意したので、永続ディスクを作成してからKubernetesクラスタにデプロイしてみてください。Dynamic Volume Provisioningのときと同じように、データの永続性が確認できるはずです。

5.8 Cloud Buildを用いたGKEへのデプロイ

本章の最後に、Cloud Buildを用いてKubernetesへのデプロイを行うパイプラインを構築してみましょう。パイプラインとは、コンテナをビルドし、Kubernetesへデプロイする一連の流れ全体のことを指しています。パイプラインのstepでやることは次の通りです。

① Dockerfileに基づいてコンテナをビルドする
② ビルドしたコンテナをGoogle Container Registryへpushする
③ マニフェストファイルを書き換えてGCPプロジェクトに最適化する
④ Kubernetesにマニフェストファイルをデプロイする

Cloud Buildでビルドするコンテナイメージは、「5.5.1 認証と認可」で実行した、HTTPリクエストを受け取ってPubSubトピックへメッセージを送信するコンテナです。第3章の内容を思い出しながら、リスト5.8.1（`05/cloudbuild/cloudbuild.yaml`）を読んでみましょう。

リスト5.8.1　cloudbuild.yaml

```
steps:
# コンテナイメージのビルド
- id: "build image"
  name: "gcr.io/cloud-builders/docker"
  args: ["build", "-t", "gcr.io/$PROJECT_ID/pubsub-publisher", "."]
# イメージをGCRへpush
- id: "push image to GCR"
  name: "gcr.io/cloud-builders/docker"
  args: ["push", "gcr.io/$PROJECT_ID/pubsub-publisher"]
# マニフェストファイル内のPROJECT_IDを書き換える
- id: "replace PROJECT_ID in manifest"
  name: "alpine"
  entrypoint: "ash"
  args:
    - "-c"
    - |
      sed -i -e "s/PROJECT_ID"/$PROJECT_ID/g" kubernetes/pubsub-publisher.yaml
# マニフェストファイル内のPUBSUB_TOPICを書き換える
```

```
- id: "replace PUBSUB_TOPIC"
  name: "alpine"
  entrypoint: "ash"
  args:
    - "-c"
    - |
      sed -i -e "s/PUBSUB_TOPIC"/${_PUBSUB_TOPIC}/g" kubernetes/pubsub-publisher.yaml
# クラスタへデプロイ
- id: "deploy"
  name: "gcr.io/cloud-builders/kubectl"
  args: ["apply", "-f", "kubernetes/pubsub-publisher.yaml"]
  env:
  - "CLOUDSDK_COMPUTE_ZONE=asia-northeast1-a"
  - "CLOUDSDK_CONTAINER_CLUSTER=gke-cluster"

substitutions:
  _PUBSUB_TOPIC: sample-topic
```


build imageのstepでは、05/cloudbuild/ディレクトリに置いたファイルを用いてコンテナをビルドします。$PROJECT_IDはCloud Buildを実行するプロジェクトIDに置き換えられるため、ビルドされるイメージ名はgcr.io/PROJECT_ID/pubsub-publisherとなります。

push image to GCRでは、ビルドしたイメージをGCRにpushしているだけです。

replace PROJECT_ID in manifestでは、GCPのプロジェクトが変わっても対応できるように、ちょっとした工夫をしています。サンプルコードの05/cloudbuild/kubernetes/pubsub-publisher.yamlには、予め置換されることを目的とした文字列PROJECT_IDを用意しました。そして、どのGCPプロジェクトでCloud Buildを実行してもそれぞれのプロジェクトに保存されているイメージを取得できるように、alpineコンテナを使ってsedコマンドで置換しています。**replace PUBSUB_TOPIC**も同様ですが、こちらはプロジェクトIDとは違ってCloud Buildで自動的に設定されている値が使えないので、substitutionsフィールドを利用して値を変更可能にしています。

deployではマニフェストファイルをkubectlコマンドでデプロイしていますが、2つの環境変数CLOUDSDK_COMPUTE_ZONEとCLOUDSDK_CONTAINER_CLUSTERの設定が重要です。このstepで使用しているコンテナgcr.io/cloud-builders/kubectlは、これら2つの環境変数を使ってクラスタへの操作権限を取得します。そのため、Cloud Buildのデフォルトサービスアカウントに**Kubernetes Engine Developer**の役割を付与することが必須です。うまく実行できれば、Podの存在を確認できるはずです。

```
$ kubectl get pods
NAME                               READY   STATUS    RESTARTS   AGE
pubsub-publisher-786864b4fb-99b96  1/1     Running   0          29m
```

ところで、このコンテナはうまく動きません。「5.5.1 認証と認可」ではサービスアカウント鍵ファイルをSecretリソースとして作成し、コンテナにファイルとしてマウントしました。これと同様に、このCloud Buildのパイプライン内では、次に挙げる一連のビルドstepを実行する必要があります。

① サービスアカウント鍵ファイルを作成する
② Secretリソースを更新する
③ Podを再作成する
④ 古いサービスアカウント鍵

これらをCloud Buildで実行するのは読者の皆さんへの課題としますので、ぜひパイプラインを改良してみてください。

5.8.1 まとめ

この章では、Google Kubernetes Engine（GKE）の基本的な使い方と、コンテナをGCPのサービスに認証する方法を扱いました。本番環境でKubernetesクラスタを運用するためには、OSSとしてのKubernetesについてはもちろんのこと、GCPのようなパブリッククラウド特有の機能についての理解も同じくらい重要です。特にGKEにはとても有用なベータ版機能が数多く存在するので、この章の内容を理解できた方はぜひ、GKEの公式ドキュメントを参照しながら新しい機能を試してみてください。

次章ではGKEと同様に、自分たちのコンテナをデプロイすることに特化したCloud Runについて扱います。GKEはWebアプリケーションに限らず様々なコンテナをデプロイできますが、Cloud Runはある程度の制約のもとでサーバレスにコンテナを実行するサービスです。ぜひ両方を使いこなせるようになって、GCPでのコンテナ実行環境に対する理解を深めてください。

第6章 Cloud Run

とても複雑なKubernetesとGKEですが、一度理解さえしてしまえば、そのメリットはとても魅力的です。その複雑で難解な部分をGoogleが負担することで、メリットをより簡単に享受できるように作られたのがCloud Runです。

6.1 Cloud Runとは？

比較的新しいサービスなのでご存知ない方も多いかと思いますが、Cloud Runは一言で言えば「スケールするフルマネージ・ドステートレス・コンテナホスティングサービス」です。

…とは言うものの、これではわかりづらいですね。もう少し別な言い方をすると、ユーザの観点からすれば「特定のルールに基づくコンテナを、Googleがよしなに実行してくれる実行環境」となります。ここで「特定のルール」と書きましたが、主に次の制限があります。

- ステートレス(状態を持たない）であること
- 指定のポートでHTTPリクエストを受けて稼働すること

これさえ守ってコンテナを作れば、ほぼすべてのコンテナをCloud Runで実行できます。逆に言えば、どんな言語でもどんなフレームワークでも、Dockerコンテナに収まるなら何でも使えるというのが利点です。またコンテナの移植性も継承するので、コンテナさえあればサクッと他システムへ移植・移行できるのも魅力の1つです。

その実体はGKE上に構築されているKnative Servingのラッパーですが、これを意識することはほぼないでしょう。あえて意識するなら、GKEの力でかなり大規模にスケールできることを覚えておくとよいでしょう。

Column ▶ Knativeとは？

Knativeについては気にする必要はほぼありませんが、気になった人のために少しだけ。特に気にならない人はスキップしましょう。

Knativeは、Google他50以上の会社・団体が協力して作成された、サーバレスアプリケーションを動かすためのプラットフォームです。OSSとしてGitHub上に公開されています。

Knativeは大きくEventingとServingに分けられ、それぞれ

- 疎結合で拡張しやすいイベント駆動システムを提供して、様々なイベントを受信・伝播させることが可能になる

- Dockerコンテナを Kubernetes上へ素早くデプロイできるようになる。また、スケールとネットワーキング(ロードバランシング) も意識せずにデプロイできる

といった強み、機能を持っています。

これらは、オンプレミスに構築されたKubernetesなのか、GKEやAmazon EKSなどのクラウドサービスなのかを意識せずに導入することが可能であり、コンテナとサービスの展開、トラフィックのコントロールとスケールを補助し、KubernetesをCloud FunctionsやApps ScriptのようなFaaSやPaaSとして扱えるようにします。この機能のお陰で、元々はクラウドサービスを利用するしかなかったFaaSやPaaSの機能をオンプレミスでも利用できます。

Knativeは、ざっくり言えば、Kubernetesをさらに自動化して、開発者はコードのみに注力できるようにする追加パーツのようなモノです。またその過程で下位レイヤ（自動化されている部分）の差異を吸収してくれるので、クラウドベンダーに依存しないアプリケーションが構築しやすくなります。このポータビリティを引き上げる働きがKnativeの強みです。

さて、Cloud Runには他サービスにはない特徴、強みが存在します。これをしっかり把握してアプリケーションに活かし、サービスの質を最大限に発揮させましょう。

6.1.1 強みと弱み

強みを一言で言えば「かんたん、はやい、やすい」です。…どこぞの牛丼屋のようなキャッチフレーズになりましたね。ちょっと、1つずつ見ていきましょう。

- かんたん
  コンテナ内に収まるなら、どんなフレームワークや言語を使っても構わないので、開発者やチームが最も楽に実装できる構成を選べます。GoやPython、JavaはもちろんRustやC++、果てはVimScriptやCOBOLでも（HTMLリクエストを受け付けるDockerイメージを構築できれば）大丈夫です。
  エントリポイントもHTTPなので、既存の知識やフレームワークも充実しているでしょう。サードパーティのライブラリを流用することで、開発者は処理の本質だけをコーディングできます。Cloud BuildやContainer Registryを活用すれば、更新も簡単です。

- はやい
  コンテナをそのままデプロイするため、ローカルのデバッグがとても簡単で、開発とテストを超高速で繰り返すことが可能です。さらにコンテナ内部の構造にもよりますが、早く起動します。

- やすい
  CPU時間、メモリ使用量、リクエスト数に応じて課金されるので無駄な課金がない上に、リクエストがなければ0円で維持できます（ゼロスケールと言います）。例外もありますが、それに関しては後ほど解説します。

もちろん、弱みも存在します。

- ステート管理はできない
- 複雑な構成は苦手としている
- 外部サービスとの連携は一部考慮が必要

6.2 2つのモード

Cloud Runには2つの動作モードが存在します。1つはフルマネージド、もう1つはfor Anthosです。

■ フルマネージド
基本のモードであり、Googleが管理する環境にコンテナをデプロイするモードです。ユーザはアプリケーション（コンテナ）の作り込みのみに集中し、それを動かす環境のことはすべて意識せずに開発できます。
ただしfor Anthosよりも自由度は減少し、例えばvCPU数は1個、利用できるリージョンも限定されます。

■ for Anthos
Cloud RunがKnativeベースなことを活かし、既存のGKEないしKubernetesクラスタへコンテナをデプロイするモードです。GKE（もしくはKubernetes環境）の管理が必要ですが、逆にGKE（もしくはKubernetes環境）で実現可能なことはほぼすべて実現できると言ってよいでしょう。
例えば複数のvCPUはもちろん、GPUを積んだインスタンスも利用できますし、リージョンにも制約がありません。

主に次のような理由があるときはfor Anthosのモード、そうでない場合はフルマネージドのモードを利用することになるでしょう。

- フルマネージド版が対応していないリージョンを使いたい
- CPUやメモリを沢山使いたい
- VPCネットワークにつないで使いたい
- オンプレミスベースの環境（プライベートクラウド）上で利用したい

本書では両方のモードについて解説しハンズオンを行いますが、オンプレミス環境については触れずGKEを利用します。

6.3 実践Cloud Run

それでは実際にCloud Runを使ってみましょう。

6.3.1 環境を構築する

Cloud Runの環境を有効化しましょう。

まずはWebコンソールへアクセスし、ナビゲーションメニューから「Cloud Run」を選択します。

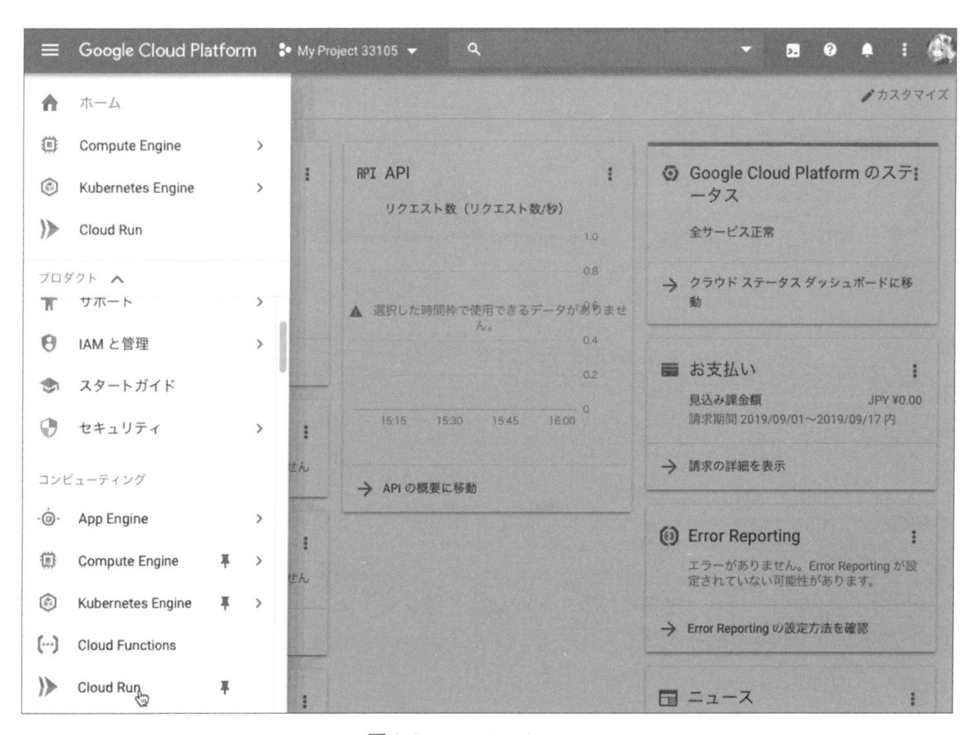

図6.3.1　Webコンソール

初回の場合は図6.3.2のような画面が表示されるので、「CLOUD RUNの利用を開始する」をクリックしましょう。

図6.3.2 「CLOUD RUNの利用を開始する」をクリック

図6.3.3のような画面になれば完了です！

図6.3.3　Cloud Runの画面

フルマネージド版の場合

まずはgcloudコマンドで作成してみましょう。

Cloud Runをgcloudコマンドでデプロイする場合は次のような形になります。

```
gcloud run deploy --image CONTAINER_PATH --platform PLATFORM --region REGION ↵
SERVICE_NAME [--allow-unauthenticated]
```

各項目で指定する値の概要を表6.3.1に示します。

表6.3.1　指定する値

項目	概要	例
CONTAINER_PATH	コンテナへのパス	gcr.io/myproject/nginx
PLATFORM	フルマネージドGKEで動かすか否か	managed
REGION	サービスを配置するリージョン	asia-northeast1
SERVICE_NAME	サービスの名前	my-web-api

*CONTAINER_PATH*には、Container Registry以外のイメージパスは利用できません。例えばregistry.hub.docker.com/library/nginxと指定してもエラーとなります。また*SERVICE_NAME*には英数小文字とハイフンのみ、63文字以内という制限があります。リージョンかプロジェクトが異なれば、同名でも構いません。--allow-unauthenticatedは、記載すると認証なしでデプロイしたCloud Runの実行が可能になります（実際に実行するときには[]は不要です）。逆に言えば、記載しないとデプロイしたCloud Runの起動には認証が必要になります。

なお実際にコマンドを実行するときには、*CONTAINER_PATH*以外の項目は対話的に設定できます。具体的な出力は次のようになります。

```
$ gcloud run deploy --image gcr.io/cloudrun/hello
Please choose a target platform:
 [1] Cloud Run (fully managed)
 [2] Cloud Run for Anthos deployed on Google Cloud
 [3] Cloud Run for Anthos deployed on VMware
 [4] cancel
Please enter your numeric choice:  1
# ↑ 稼働させるプラットフォームを選択

To specify the platform yourself, pass `--platform managed`. Or, to make this the d↩
efault target platform, run `gcloud config set run/platform managed`.

Please specify a region:
 [1] asia-northeast1
 [2] europe-west1
 [3] us-central1
 [4] us-east1
 [5] cancel
Please enter your numeric choice:  1
# ↑ 稼働させるリージョンを選択

To make this the default region, run `gcloud config set run/region asia-northeast1`.

Service name (hello):
Allow unauthenticated invocations to [hello] (y/N)?  Y
# ↑ 未認証のリクエストを受け付けるか否か

Deploying container to Cloud Run service [hello] in project [ca-seno-test] region [↩
asia-northeast1]
✓ Deploying new service... Done.
  ✓ Creating Revision.
  ✓ Routing traffic.
  ✓ Setting IAM Policy.
Done.
```

デプロイ時に限らず、プラットフォームやリージョンを指定しなかった場合、gcloudコマンド実行時に対話的に確認されます。面倒な場合は次のようなコマンドを実行してデフォルトの値を設定すれば、以降の入力を省略できます。

```
$ gcloud config set run/platform managed
$ gcloud config set run/region asia-northeast1
```

固定はしないけど対話コンソールは要らないという場合は、次のようにすべての項目を指定すれば、1回の入力で対話なしにデプロイできます。これは、設定したデフォルトとは別のプラットフォーム、別のリージョンにデプロイしたい場合にも有効です。スクリプトなどによる自動化を行う場合も、この形式を利用するとよいでしょう。

```
$ gcloud run deploy --image gcr.io/cloudrun/hello --platform managed \
  --region asia-northeast1 --allow-unauthenticated hello2
Deploying container to Cloud Run service [hello2] in project [ca-seno-test] region↩
 [asia-northeast1]
✓ Deploying new service... Done.
  ✓ Creating Revision.
  ✓ Routing traffic.
  ✓ Setting IAM Policy.
Done.

Service [hello2] revision [hello2-00001-lim] has been deployed and is serving 100 p↩
ercent of traffic at https://hello2-hmdwxgjoxa-an.a.run.app
```

稼働中のCloud Runもgcloudコマンドで確認できます。

```
$ gcloud run services list
   SERVICE  REGION           URL                                        LAST DEPLOYED↩
 BY   LAST DEPLOYED AT
✓  hello    asia-northeast1  https://hello-hmdwxgjoxa-an.a.run.app   seno@cloud-a↩
ce.jp  2019-12-10T05:25:51.200Z
✓  hello2   asia-northeast1  https://hello2-hmdwxgjoxa-an.a.run.app  seno@cloud-a↩
ce.jp  2019-12-10T05:26:29.387Z
```

次のようにすれば削除も可能です。なお、これは必ず対話的に許可しなければなりません。

```
$ gcloud run services delete hello2
Service [hello2] will be deleted.


Do you want to continue (Y/n)?  Y
# ↑ 本当に削除するか聞いてくる。省略不可能

Deleted service [hello2].
```

イメージの更新はデプロイと同じくgcloud run deployコマンドで行います。デプロイ済みのサービス名、リージョン、プラットフォームを指定することで、自動的にバージョニングとアップデートを実施してくれます。

```
$ gcloud run deploy --platform managed --region asia-northeast1 \
  --image gcr.io/cloudrun/hello hello
Deploying container to Cloud Run service [hello] in project [ca-seno-test] region [⏎
asia-northeast1]
✓ Deploying... Done.
  ✓ Creating Revision.
  ✓ Routing traffic.
Done.
Service [hello] revision [hello-00002-vum] has been deployed and is serving 100 per⏎
cent of traffic at https://hello-hmdwxgjoxa-an.a.run.app
# ↑ よく見ると、revisionが「2」になっていることが読み取れます。
```

続いて、WebコンソールでCloud Runのサービスを作成してみましょう。詳細な設定についても少しずつ解説していきます。

まずはコンテナイメージをContainer Registryに上げましょう。詳しくは第2章を参照してください。アップロードが完了したら、WebコンソールからCloud Runを表示し、「サービスを作成」をクリックします。

図6.3.4 「サービスを作成」をクリック

すると図6.3.5のように表示されるので、コンテナイメージのURLを入力します。同じプロジェクトに上げたコンテナなら、入力欄右側の「選択」をクリックして選ぶこともできます。

デプロイメントプラットフォームは「フルマネージド」、サービス名は任意の名前を付けましょう。サービス名は、リージョン内で一意であれば構いません。

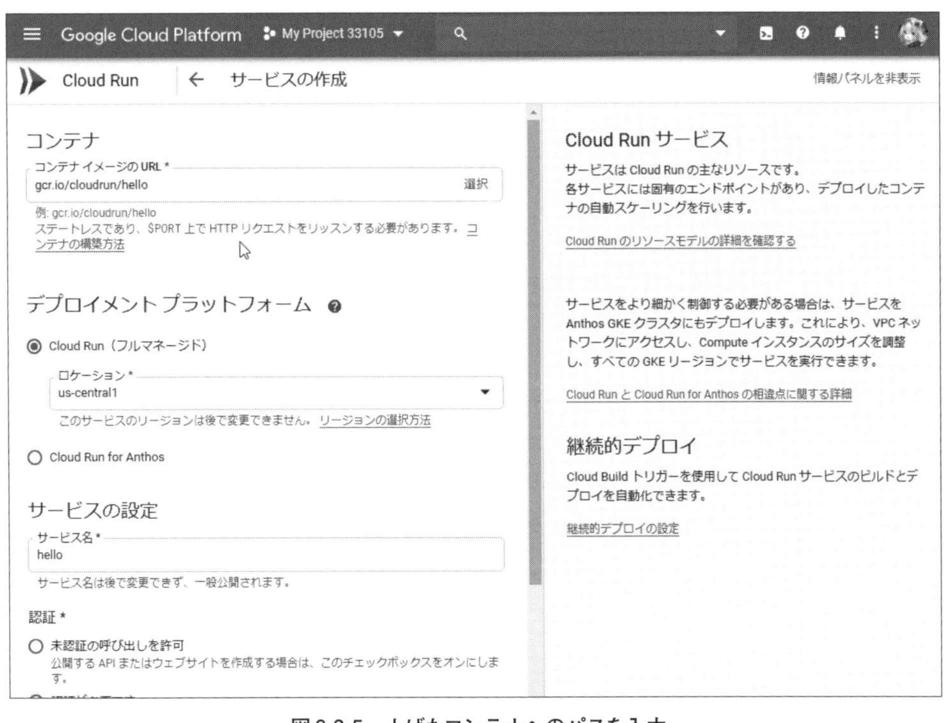

図6.3.5　上げたコンテナへのパスを入力

認証については、公開するAPIやページの場合は「未認証の呼び出しを許可」、内部ネットワークのみで使いたい場合は「認証が必要です」を選択します。

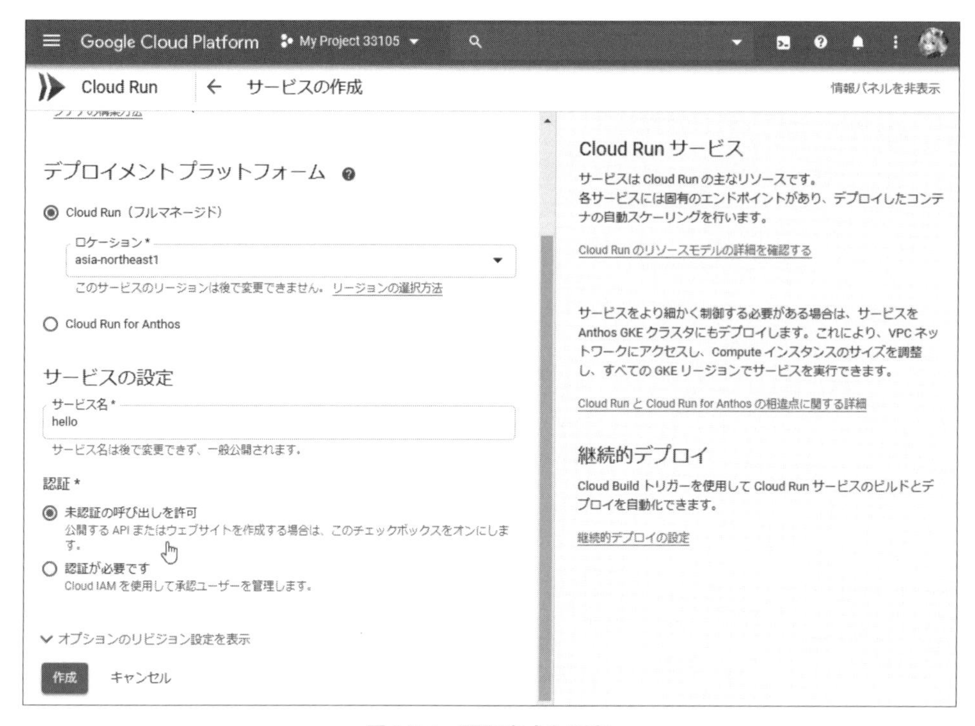

図6.3.6　認証方式を設定

「オプションのリビジョン設定を表示」をクリックすると、詳細な設定が可能になります。大体それぞれの設定欄で簡単に説明されていますが、主に注意すべきは次の項目です。

- コンテナポート
  環境変数$PORTに設定される値です。アプリケーションはこの指定されたポートでHTTP接続を待たなければなりません。

- サービスアカウント
  コンテナ内部で利用されるサービスアカウントです。他サービスと連携するか、より厳密にアクセス制御したい場合はカスタムする必要があります。

- タイムアウト
  アプリケーションが巨大ないし長時間の通信か計算を要する場合は伸ばす必要があります。設定可能な最大値は900秒、つまり15分です。逆に軽量なアプリケーションの場合は、タイムアウトを短くすることでより早期のリトライ処理を促すといった運用も可能です。

■ 環境変数

コンテナ内部の環境変数を追加・編集できます。DockerfileのENVを上書きするイメージです。デプロイ環境によって異なるパラメータを、環境変数を参照して取得するように作り込むことで、同じコンテナを使い回せるようになります。一部の変数名（PORTなど）は予約されており、利用できません。

また、本運用の際には丁寧にチューンナップすることで初めてコスト効率よくパフォーマンスを発揮できます。特に次の点に注意するとよいでしょう。

■ パフォーマンスとコスト（CPU、メモリ）

CPUやメモリは増やすとランコストが上昇します。減らしすぎるとアプリケーションが遅くなったり起動しなくなったりします。

■ 最大接続数（同時接続数、最大インスタンス数）

最終的に処理できる同時接続数は、「同時接続数×最大インスタンス数」です。同時接続数を増やすとランコストが高くなりやすくなり、最大インスタンス数を増やすとスパイク時のレスポンスが悪化しやすくなります。

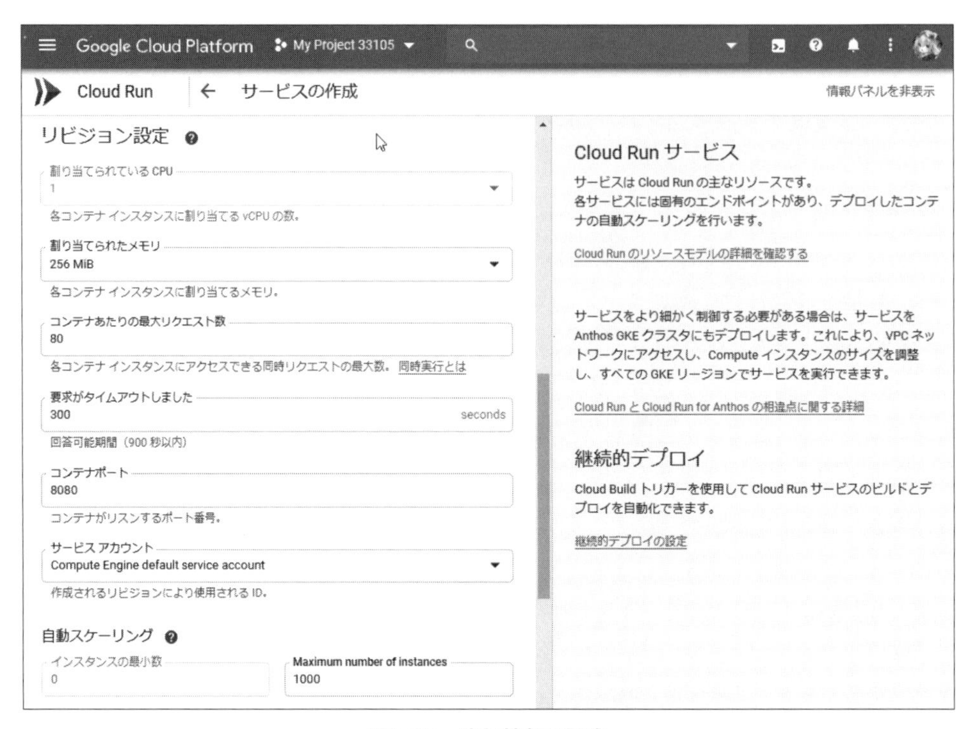

図6.3.7　追加情報の設定

「作成」ボタンを押した後はグリーンランプが点灯するまで待ちます。

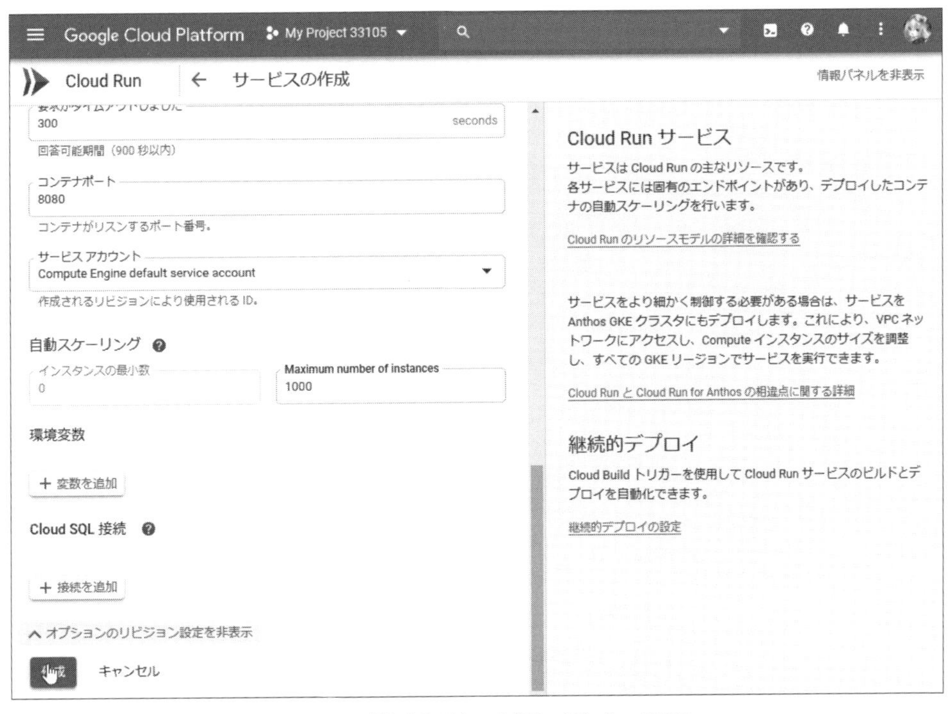

図6.3.8 「作成」ボタンを押してデプロイ開始

for Anthos

こちらもgcloudコマンドを用いる方法とWebコンソールで作成する方法を示しますが、先に流れを説明しておきましょう。最初にGKEにCloud Run用のオプションを入れてクラスタを作成します。後はCloud Runの作成時にそのクラスタを選ぶだけ！ 簡単ですね。なお「6.2 2つのモード」で述べた通り、本書ではGKEをベースにした環境を想定した手順を紹介し、オンプレミス環境へのデプロイは扱いません。

では、詳しく説明していきましょう。まずはgcloudコマンドでの作成方法を示します。GKEにクラスタを作成するコマンドは次の通りです（細かいオプションの説明などについては第5章を参照してください）。

```
$ export CLUSTER_NAME=cloud-runner
$ gcloud beta container clusters create ${CLUSTER_NAME} \
  --zone us-central1-a \
  --addons HttpLoadBalancing,CloudRun \    # ← 必須
  --enable-stackdriver-kubernetes          # ← 必須
  # --enable-ip-alias --machine-type n1-standard-2 --cluster-version 1.13 \
  # --preemptible --verbosity=debug
```

続いて、このクラスタにコンテナをデプロイします。Kubernetesへ設定するyamlファイルを作成する必要は一切ありません。そういった作業はCloud Runがすべて自動化してくれています。フルマネージド版と同じく、最低限の引数さえあれば後は対話的に設定されます。

```
$ gcloud run deploy --image gcr.io/cloudrun/hello
Please choose a target platform:
 [1] Cloud Run (fully managed)
 [2] Cloud Run for Anthos deployed on Google Cloud
 [3] Cloud Run for Anthos deployed on VMware
 [4] cancel
Please enter your numeric choice:  2
# ↑ GKEにデプロイするには2を、オンプレミス環境に構築したKubernetesにデプロイしたい場合は3を指定

To specify the platform yourself, pass `--platform gke`. Or, to make this the default⏎
 target platform, run `gcloud config set run/platfor
m gke`.

GKE cluster:
 [1] cloud-runner in us-central1-a
 [2] cancel
Please enter your numeric choice:  1
# ↑ デプロイ先のクラスタを選択

To make this the default cluster, run `gcloud config set run/cluster cloud-runner && ⏎
gcloud config set run/cluster_location us-central1-a
`.

Service name (hello): hello2
# ↑ サービスの名前を指定
Deploying container to Cloud Run on GKE service [hello2] in namespace [default] of cl⏎
uster [cloud-runner]
✓ Deploying new service... Done.
  ✓ Creating Revision...
  ✓ Routing traffic...
Done.
Service [hello2] revision [hello2-00001-vuy] has been deployed and is serving 100 per⏎
cent of traffic at http://hello2.default.example.com
```

これだけでデプロイが可能です。とっても簡単ですね。

デプロイ先を特定クラスタに固定したい場合は、次のようなコマンドを利用します。

```
$ gcloud config set run/platform gke
$ gcloud config set run/cluster cloud-runner
$ gcloud config set run/cluster_location us-central1-a
```

もちろん、デプロイコマンドに引数を追加して非対話的にデプロイすることも可能です。

```
$ gcloud beta run deploy \
  --image gcr.io/cloudrun/hello \
  --platform gke \
  --cluster cloud-runner \
  --cluster-location us-central1-a
  hello2

Deploying container to Cloud Run on GKE service [hello2] in namespace [default] of↩
 cluster [cloud-runner]
✓ Deploying new service... Done.
  ✓ Creating Revision...
  ✓ Routing traffic...
Done.
Service [hello2] revision [hello2-xnjm2] has been deployed and is serving 100 perce↩
nt of traffic at http://hello2.default.example.com
```

次はWebコンソールでの作成方法です。

まずはCloud Runで動かすコンテナをホストするKubernetes環境が必要なので、GKEクラスタを作成します。ナビゲーションメニューから「Kubernetes Engine」を選択し、図6.3.9の画面で「クラスタを作成」をクリックしてください。

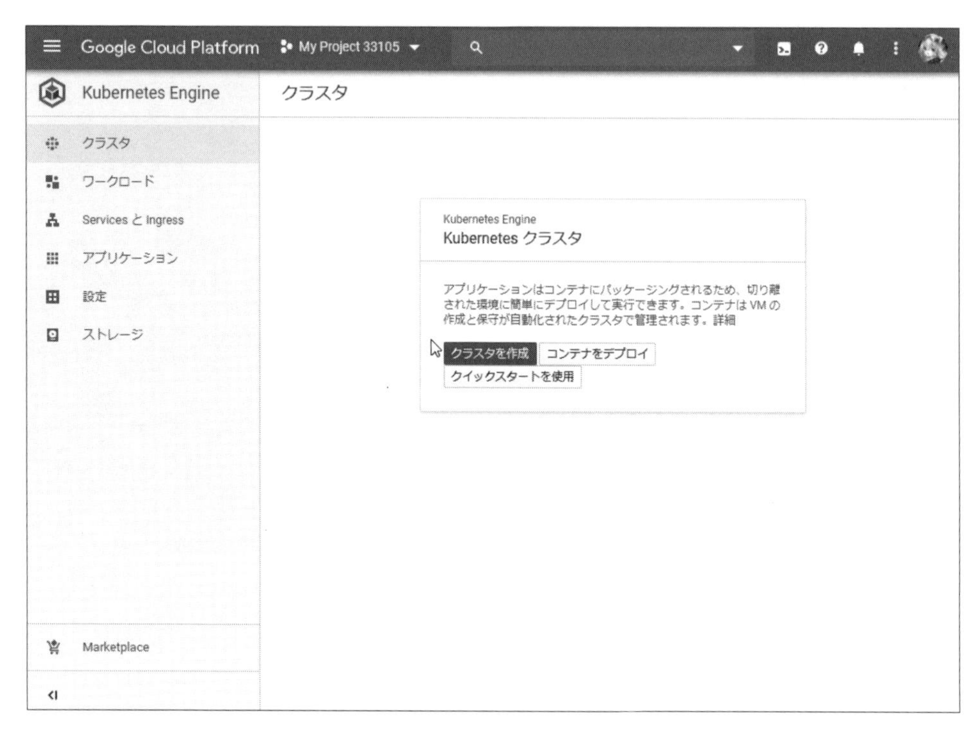

図6.3.9　GKEクラスタを作成

適当な名前を入力しましょう。ここではcloud-runnerという名前で作成します。

図6.3.10　名前を入力

Cloud Runに対応させるには、専用のオプションを有効化する必要があります。「Cloud Run for Anthosの有効化」のチェックボックスをオンにします。

図6.3.11　Cloud Run for Anthosを有効化

すると自動的に**Stackdriver Kubernetes Engine Monitoring**が有効化になり、ノードプールのマシンタイプが2vCPU以上になるよう調整されます。これはCloud Runの動作に必須ですので、図6.3.12では「続行」をクリックします。

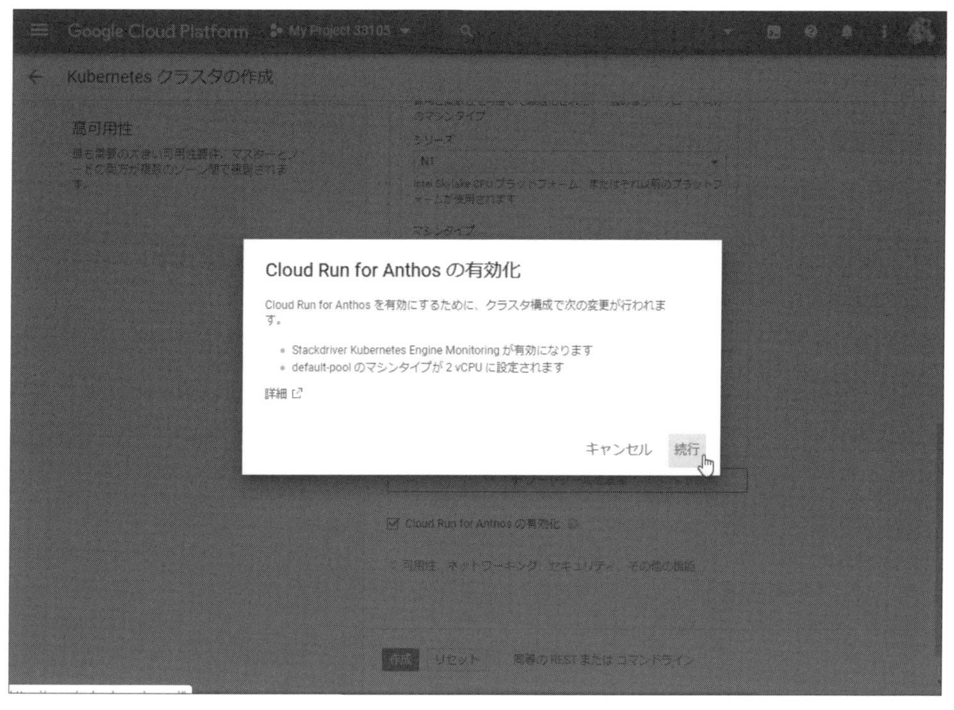

図6.3.12　自動で最適化される

その他の項目はお好みで設定します。詳細は第5章を参照してください。よくわからなければデフォルトでも構いませんが、「その他の設定項目」から「プリエンプティブルノード」をオンにするとコストの削減が図れるのでお勧めです。設定が完了したら「作成」をクリックします。

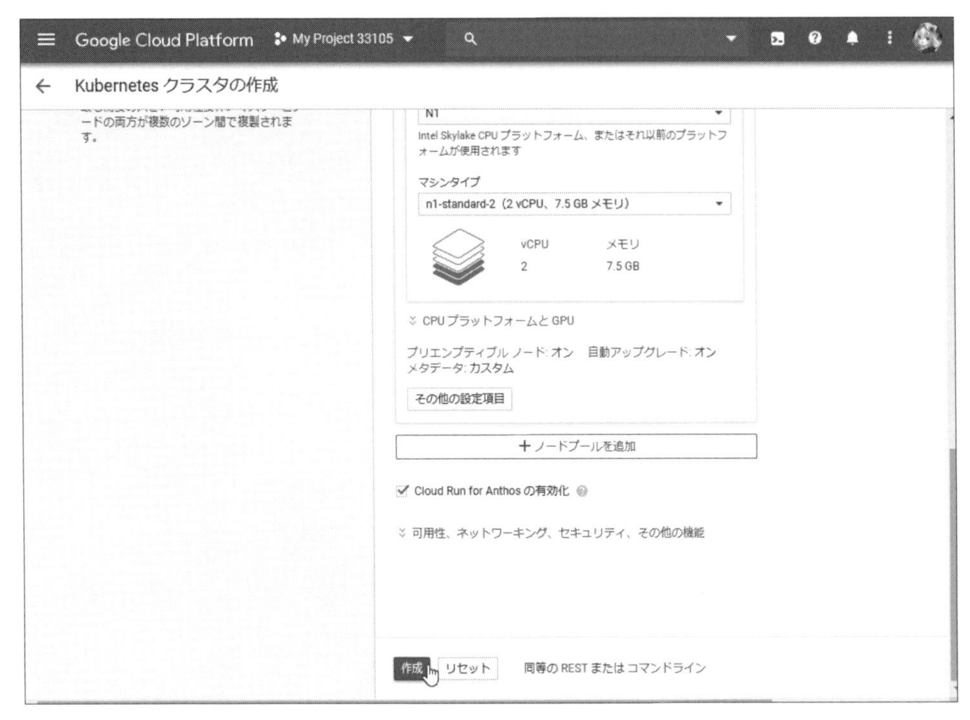

図6.3.13　クラスタの完成

GKEクラスタを作成できたら、Cloud Runのコンソールからアプリケーションをデプロイします。

フルマネージド版と同様に、「サービスを作成」をクリックして（図6.3.4）、コンテナイメージのURLを入力します（図6.3.5）。デプロイメントプラットフォームを「Cloud Run on Anthos」に変更すると、先ほど作成したGKEクラスタが選択されます。Cloud Runに対応したクラスタが複数ある場合は、使用するものを選択します。

なお、名前空間の新規作成はこの画面ではできません。専用の名前空間を使いたい場合は、`kubectl create namespace`コマンドで先に作成しておきましょう。

図6.3.14　Cloud Runからデプロイ

後はほぼフルマネージド版と同じ手順ですが、一部異なる箇所があります。接続に関しては、Kubernetesクラスタの「内部」での通信のみ許可するのか、Kubernetesクラスタの「外部」からの通信を許可するのか選択する形になります。

デプロイ後にGKEのサービスを調べると、デプロイしたアプリケーションが反映されていることを確認できます。図6.3.15をよく見るとPodの数が0になっていますが、これはゼロスケールが機能している証拠です。このお陰でCPUやメモリ資産を消費せずに待機でき、最低価格0円が実現可能となっています。

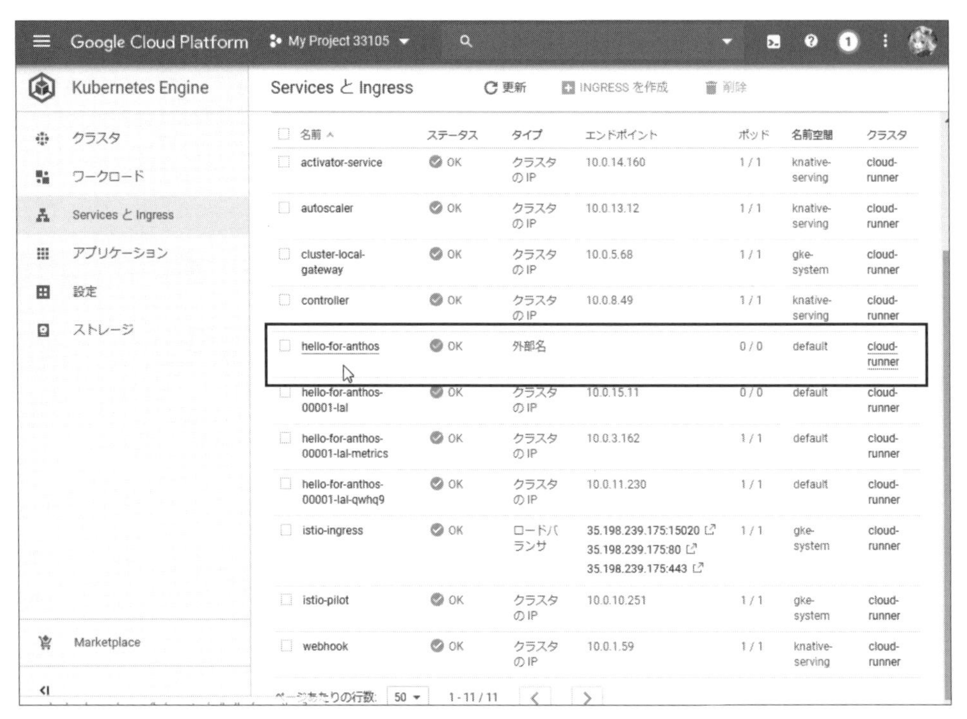

図6.3.15　GKEのサービス画面

⚠ Warning

Cloud Runが稼働しているGKEはそのまま削除できます。しかしこのとき、GKE上で稼働しているCloud Runについては一切の警告なしで一緒に消えていきます。消去する予定のクラスタにあるサービスを確認すればわかりますが、頭の片隅に入れておくとよいでしょう。

6.3.2 Hello, Cloud Run!

ここから本格的なハンズオンとなります。執筆時点で最新のコマンドを利用していますが、その一部、特にgcloudコマンドは変更されている可能性もあります。つまり、同じコマンドを実行しても動かない可能性があります。その際は、リリースノートや英語版ドキュメントを利用して補完・修正してください（日本語版は翻訳作業の都合で情報が古い可能性が高いです）。

サンプルコードとセットアップ

ここではサンプルコードの06ディレクトリ以下のファイルを使用します[注1]。以降のコマンドは06ディレクトリ以下に移動していることを前提としています。

簡単のために、環境変数を使うことをお勧めします。ご自身の環境に合わせてPROJECT_IDを設定してください。

```
$ export PROJECT_ID YOUR_GCP_PROJECT_ID

# Cloud Shell環境を利用している場合は次のようにしてもよい
$ export PROJECT_ID ${GOOGLE_CLOUD_PROJECT}
```

Container Registryにコンテナをアップロードする

まずはコンテナのアップロードです。ここで使用するサンプルプログラムは、「Hello, World!」を出力するだけの単純なHTTPサーバです。次のコマンドでコンテナをアップロードします。なお、コマンドの意味や詳細は第2章を参照してください。

```
$ docker build -t gcr.io/${PROJECT_ID}/mincloudrun .
...（中略）
$ docker push gcr.io/${PROJECT_ID}/mincloudrun
The push refers to repository [gcr.io/${PROJECT_ID}/mincloudrun]
6ebeafed030b: Pushed
0ff0c4c70093: Pushed
77cae8ab23bf: Layer already exists
latest: digest: sha256:61d0346c597b8e2da63c4226ddb8aa5256f1f4878182d041261e0397fd9↵
7a77a size: 949
```

Cloud Runを実行する

早速Cloud Runを実行してみましょう。

```
$ gcloud beta run deploy mincloudrun --image gcr.io/${PROJECT_ID}/mincloudrun \
  --platform managed --allow-unauthenticated
Deploying container to cloudrun service [mincloudrun] in project [ca-seno-test] reg↵
ion [asia-northeast1]
✓ Deploying new service... Done.
  ✓ Creating Revision...
  ✓ Routing traffic...
  ✓ Setting IAM Policy...
Done.
```

注1　サンプルコードについては「はじめに」を参照してください。

```
Service [mincloudrun] revision [mincloudrun-58977f11-f94e-4e31-8a5b-56c8397dbdf7] h↵
as been deployed and is serving 100 percent of traffic at https://mincloudrun-hmdwx↵
gjoxa-an.a.run.app
```

これだけです。最終行に出力されたURLへアクセスして、デプロイできたか確認します。

```
$ curl https://mincloudrun-hmdwxgjoxa-an.a.run.app
Hello, World!
```

「Hello, World!」と返ってきたらOKです。ブラウザで同じURLにアクセスしても、同じ文字列を確認できます。

デバッグする

デバッグの際は、特別なツールを使う必要はありません。Dockerでパッケージングしているので、そのままdocker runコマンドを実行すればよいのです。環境変数PORTを参照するので、dockerコマンドで指定し忘れないようにしましょう。

```
$ docker run --rm -p 8080:8080 --env PORT=8080 gcr.io/ca-seno-test/mincloudrun
```

後はlocalhost:8080にアクセスして確認するだけです。

```
$ curl http://localhost:8080
Hello, World!
```

データベースとつなぐ

さて、とても簡単にCloud Runが動きましたが、これは外部との通信がないものでした。実際には、何らかの外部データベースを参照したり書き換えたりするサービスがほとんどです。

今度はより実践的なサンプルを用いて、データベースと連携してみましょう。まずはデータベースを作ります。

```
$ gcloud sql instances create sql4cloudrun --region asia-northeast1 \
  --storage-type HDD --no-backup
$ gcloud sql users create user --host % -i sql4cloudrun --password user_password
$ gcloud sql import sql sql4cloudrun \
  'gs://ca-seno-test/Cloud_SQL_Export_2019-08-29 (14_45_15)'
```

今回利用するサンプルデータは完全な公開データなのでこれで問題ありませんが、実はSQLインスタンスにデータをインポートする際には、**SQLに紐付いているアカウントに対**

して読み取り権限が必要です。オペレーション（操作）をしているサービスアカウントに対してではないので注意しましょう。権限を付与するには次のコマンドを実行します。なお、*SERVICE_ACCOUNT_EMAIL*の部分にはサービスアカウントのアドレス、*CLOUD_STORAGE_PATH*にはインポート対象のCloud Storageのパスを指定します。

```
$ gsutil acl ch -u SERVICE_ACCOUNT_EMAIL:R CLOUD_STORAGE_PATH
```

続いてCloud Runにサンプルアプリケーションをデプロイします。ここで利用するサンプルでは、データベースのアクセス先を環境変数から取得するようにしています。そのため、--set-env-varsオプションを利用してCloud Runに変数を渡す必要があります。

```
$ docker build -t gcr.io/${PROJECT_ID}/cloudrunwithsql .
$ docker push gcr.io/${PROJECT_ID}/cloudrunwithsql
$ gcloud beta run deploy cloudrunwithsql \
  --image gcr.io/${PROJECT_ID}/cloudrunwithsql --platform managed \
  --set-env-vars DATABASE_ADDRESS=${PROJECT_ID}:asia-northeast1:sql4cloudrun
```

デプロイできたら最終行に出力されるURLへアクセスし、動作を確認してみましょう。中身はとても簡単なチャットアプリになっています。データベースに会話履歴を持っているので、別の人から見ても同じ内容が見えます。別のウィンドウでもう1つ同じページを開いて、それぞれ発言してみましょう。お互いに会話内容が共有されるはずです。もし別のPCやスマートフォンがあるなら、そこからアクセスしてもきちんと動作します。興味があれば試してみましょう。

これもローカルでデバッグが可能です。ただしサンプルアプリケーションではデータベースとの接続を分離していないので、ここは腕の見せどころです。ポート番号に加えて、環境変数にデータベースへのアクセス先を指定します。

```
$ docker run --rm -p 8080:8080 -v /path/to/credentialfile:/home:ro \
  --env GOOGLE_APPLICATION_CREDENTIALS=/home/credentialfilename.json \
  --env DATABASE_ADDRESS=${PROJECT_ID}:asia-northeast1:sql4cloudrun \
  --env PORT=8080 gcr.io/${PROJECT_ID}/cloudrunwithsql
```

認証と一緒に使う

Cloud Runを認証付きで使えば、外部に公開したくないシステムにもCloud Runを利用できます。使い方は簡単で、Cloud Runのデプロイ時に指定するだけです。

呼び出し側は、同じGCPプロジェクトからなら何も意識せずに通信が可能です。GCP以外から呼び出す場合は、Cloud RunへのHTTPリクエストにIDトークンを含めて認証を行います。IDトークンは`gcloud auth print-identity-token`というコマンドで取得できるので、これを`curl`コマンドに追加してリクエストしましょう。

```
$ curl --http1.1 -H "Authorization : Bearer $(gcloud auth print-identity-token)" \
  https://CLOUDRUN_ENDPOINT_URL/
```

実際に利用するときは、フロント側でIDを組み立ててバックエンドのCloud Runに投げるといったパターンになるでしょう。またfor Anthos版であれば、インターネットへ露出させずに構築することも可能です。

6.3.3 GitHubと連携してCI/CDする

せっかくなのでCloud Buildを使ってCI/CDに対応させてみましょう。Cloud Buildの詳細については第3章を参照してください。

サンプルコードの`06/03_withcicd`を適当な場所へコピーしてください。このときgitの管理下は避けておくとよいでしょう。コピーしたら、コピーした先のディレクトリから自分のGitHubリポジトリにpushしましょう。

```
$ cp gcp-container-textbook/06/03_withcicd ~/withcicd_study
$ cd ~/withcicd_study
$ git init
$ git remote add origin https://github.com/GITHUB_USERNAME/REPO
$ git push origin master --set-upstream
```

次にCloud Buildに接続します。ここで使うビルド構成ファイルは`cloudbuild.yaml`です。

接続後、Cloud Buildを走らせてみましょう。失敗しましたか？　大丈夫です。このサンプルコードはあえて失敗するようになっています。

Cloud Buildは専用のサービスアカウントを利用して動いていますが、デフォルトではCloud Runに関する権限を持っていません。そのため、Cloud Runを操作できるサービスアカウントに入れ替えてからデプロイを行う必要があります。

新たにサービスアカウントを作って権限を付けましょう。まず、Webコンソールのメニューで「IAMと管理」→「サービスアカウント」と選択します。

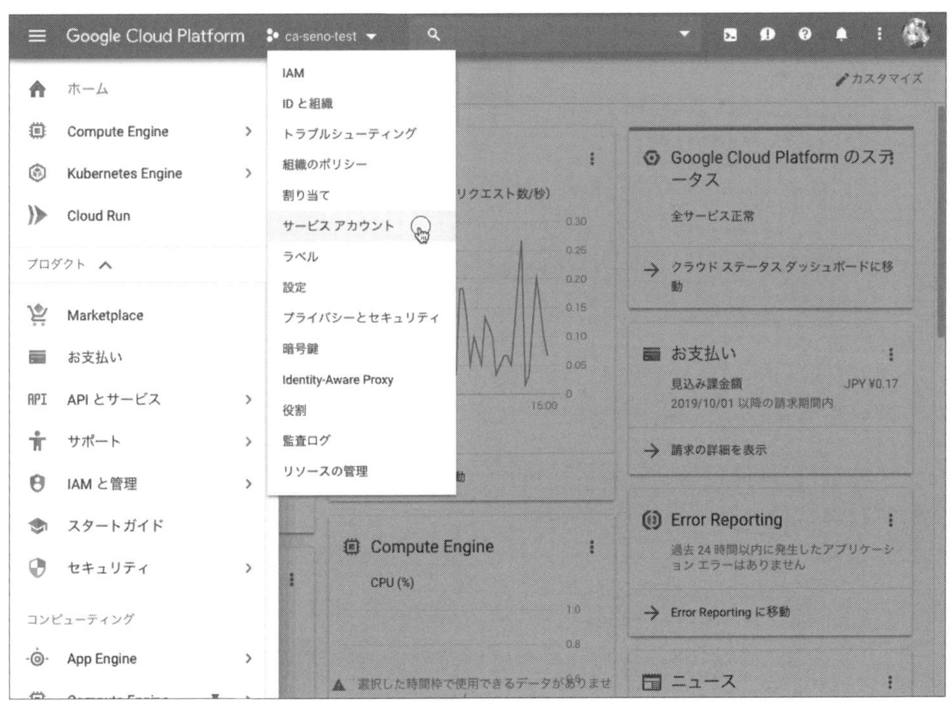

図6.3.16 「IAMと管理」→「サービスアカウント」を選択

画面上部の「サービスアカウントを作成」をクリックし、設定していきます。

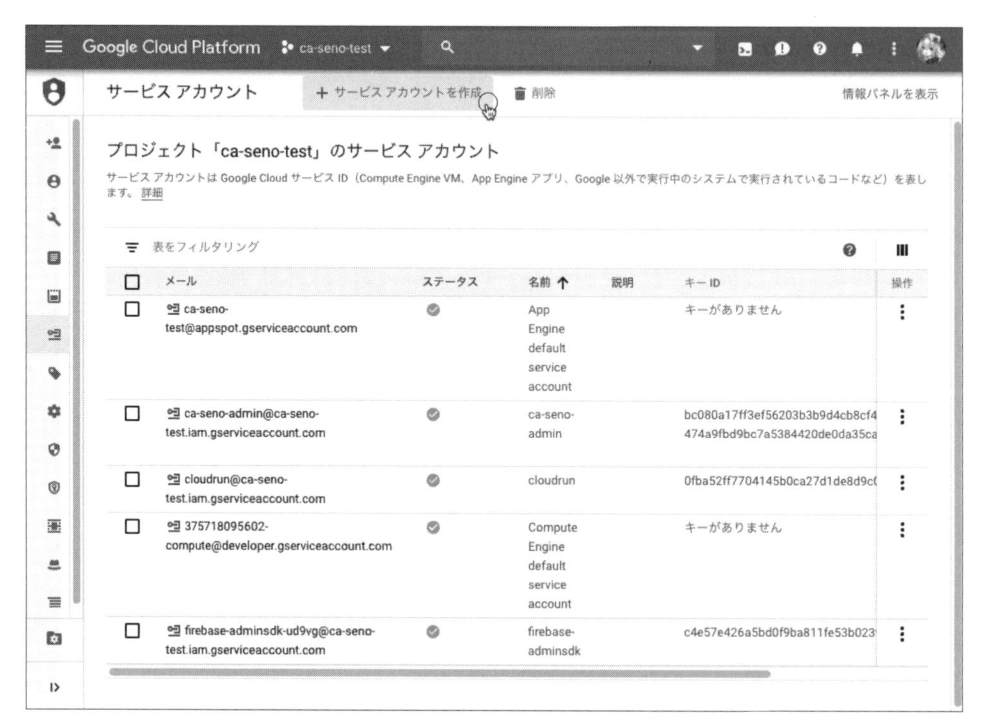

図6.3.17 「サービスアカウントを作成」をクリック

まず、適切な名前を付けましょう。名前を後から変更することはできません。また、プロジェクト内で一意の必要があります。

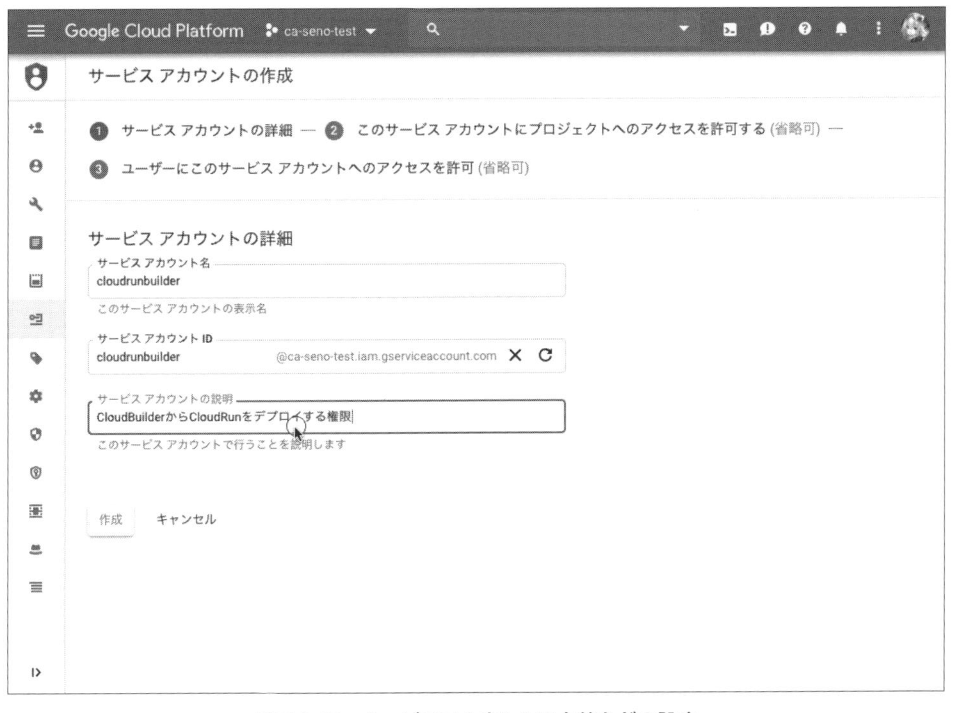

図6.3.18　サービスアカウントの名前などの設定

続いて、サービスアカウントの権限を設定する画面が表示されます。ここで付与しなければならない権限は次の3つです。

- Cloud Run管理者
- Cloud Runサービスエージェント
- Cloud Buildサービスエージェント

図6.3.19　サービスアカウントの権限の設定

最後にユーザのアクセス権や鍵ファイルを設定する画面が表示されますが、ここでは設定不要です。

図6.3.20　ユーザのアクセス権と鍵ファイルの設定

正しく作成されていれば、*SERVICE_NAME@PROJECT_ID*.iam.gserviceaccount.comというアドレスを持った項目が追加されているはずです。

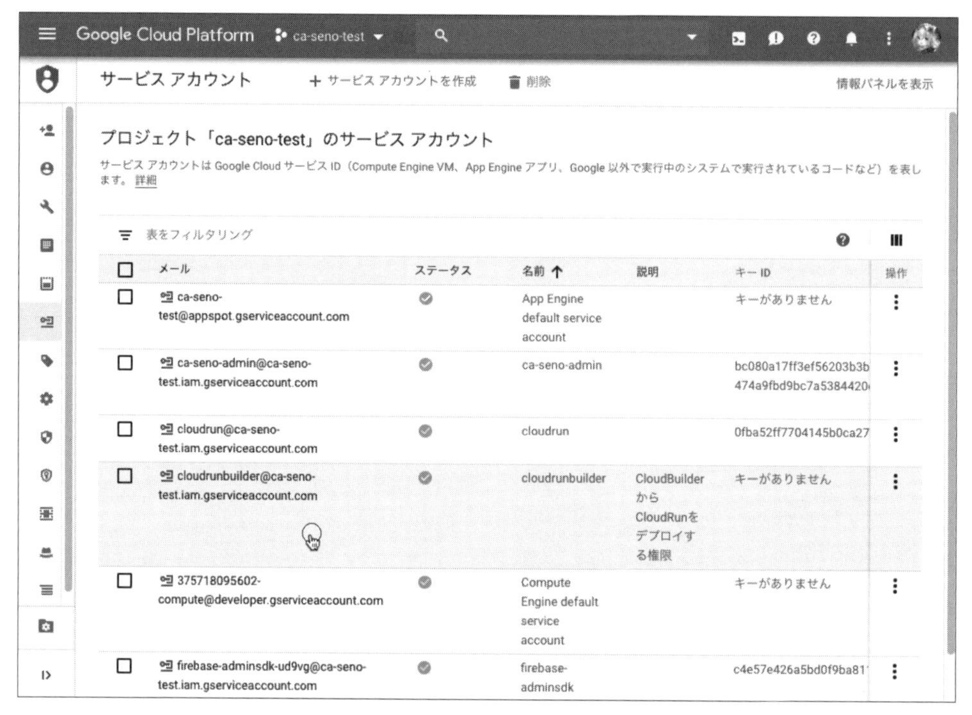

図6.3.21　作成したサービスアカウントが追加される

IAMにも同じアカウントが作成されて、適切な権限とともに表示されていればOKです。

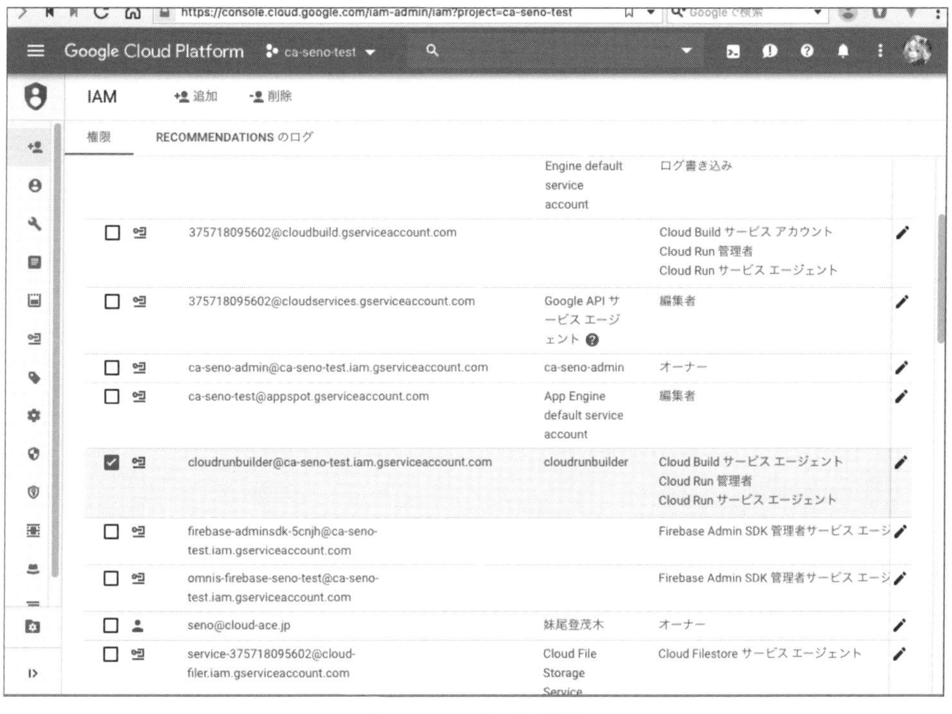

図6.3.22 権限を確認

ここまで確認できたら、作成したサービスアカウントを利用するように設定します。cloudbuild.yamlを開き、最終行のコメントアウトを外しましょう。<<YOUR_CUSTOM_SERVICE_ACCOUNT>>の部分を作ったサービスアカウントのメールアドレスに変更し、コミットしてみてください。

これでデプロイが完了すれば、CI/CD構成の完成です。後はGitHubにコミットを重ねるだけで、常に最新版のコードをCloud Runにアップロードできます。アプリケーションのテストをCloud Build内で正しく行い、正常に動くコードかどうかの厳密なチェックを忘れないようにしましょう。

6.3.4 モニタリングとチューニング

Webコンソールからデプロイ済みのCloud Runの名前をクリックして詳細を見ると、いくつかの項目をモニタリングできます。基本的に次のような値を見つつ、メモリと最大同時接続数を調整していくことになるでしょう。

- リクエスト数(ステータスコード種別ごと)
- レイテンシ(50%、95%、99%パーセンタイル)
- CPU割り当て(バージョンごと)
- メモリ割り当て(バージョンごと)

メモリは**128MiB**から**2048MiB**まで、最大同時接続数は**1**から**80**までの範囲で設定できますが、`gcloud`コマンドを利用すると、Webコンソールよりも広い範囲でスペックを設定できます。具体的には、メモリは最低**1MiB**、最大同時接続数**1000**まで設定可能です。

またfor Anthos版ではStackdriver Monitoringないし、Stackdriver Kubernetes Engine Monitoringが監視に使える他、CPUの割り当て数も変更可能です。

デプロイしたサンプルコードに秒間1000リクエストほど投げた結果を図6.3.23に示します。設定は同時接続数1000、メモリはデフォルトの256MiBです。10:47あたりでメモリを256MiBから1MiBに変更してデプロイを行っていますが、その結果、メモリの使用量が激減していることがわかります。

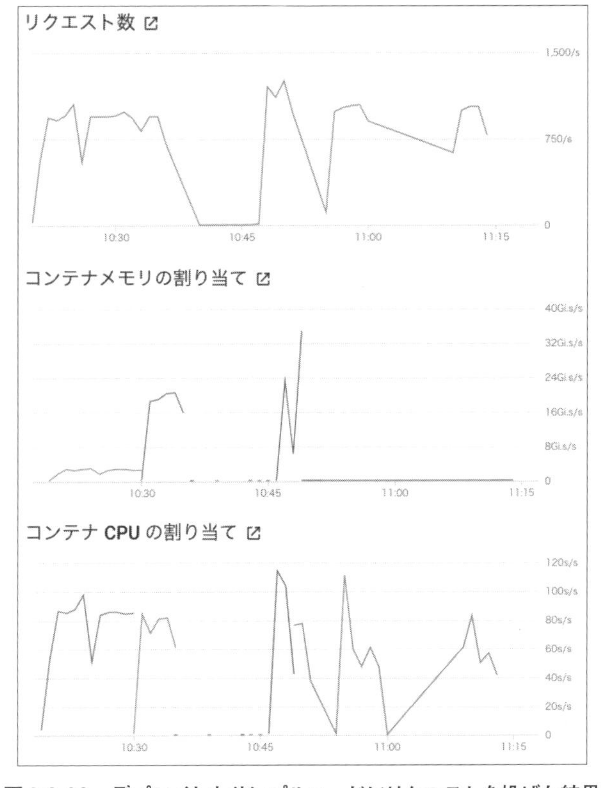

図6.3.23 デプロイしたサンプルコードにリクエストを投げた結果

メモリを1MiBに変更したときの負荷試験結果（抜粋）を次に示します。第5章と同様に、ベンチマークツールとしてVegetaを利用しました。

```
$ echo GET https://mincloudrunwithcloudbuild-hmdwxgjoxa-an.a.run.app/ \
  > /tmp/vegeta_target.txt
$ vegeta attack --targets=/tmp/vegeta_target.txt --output=/tmp/vegeta_result.bin \
  -rate=1200 -duration=300s
$ vegeta report /tmp/vegeta_result.bin

Requests      [total, rate, throughput]  360001, 1200.00, 1075.97
Duration      [total, attack, wait]      5m5.119620114s, 5m0.000215499s, 5.119404615s
Latencies     [mean, 50, 95, 99, max]    614.054287ms, 105.312592ms, 3.352631956s,↵
 4.500357321s, 8.883885752s
Bytes In      [total, mean]              14103947, 39.18
Bytes Out     [total, mean]              0, 0.00
Success       [ratio]                    91.19%
Status Codes  [code:count]               0:510  200:328301  500:30406  503:784
```

成功レートは91％、残りの9％はステータスコード500が出ていることがわかりますね。1MiBのメモリでは流石に少なすぎるようです。

条件を変えてベンチマークを回してみましょう。メモリを1GB、4GB、8GB、同時接続数を1、100、1000にして実行してみます。すべて列挙すると冗長なので、集計してグラフにしてみました。

横軸が各設定、縦軸がレスポンスコードで、色が濃いのが成功（200）です。

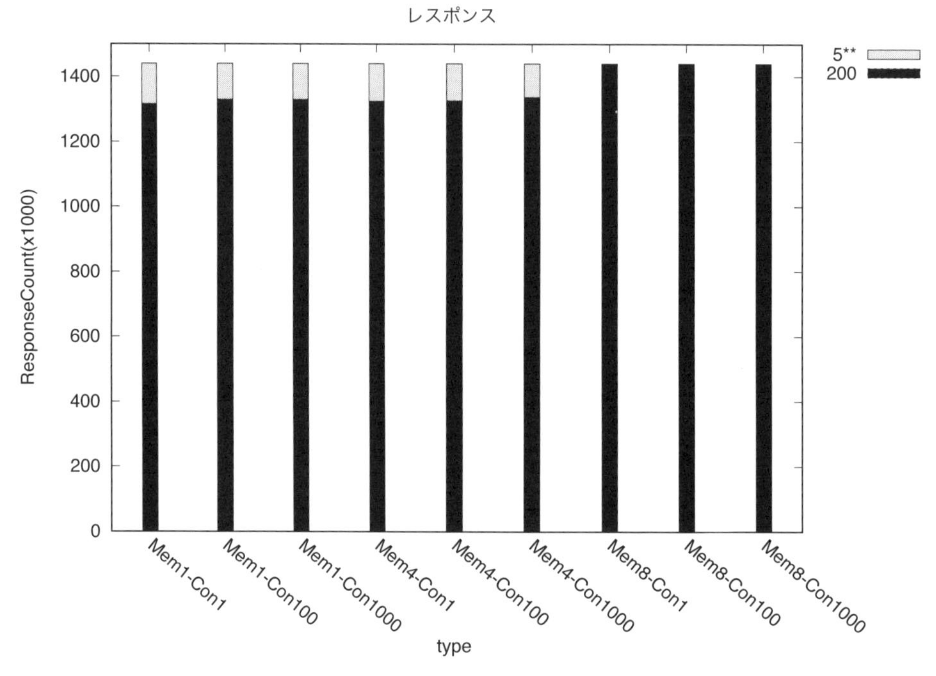

図6.3.24　リクエスト数

メモリ**8MiB**で一気にエラー率が下がっていますね。同時接続数はそこまで影響しないようですが、多ければレイテンシが若干向上する傾向にあるようです。おそらくはコンテナ生成コストに引っ張られてレイテンシが悪化しており、それが改善したのだと推測されます。

図6.3.25のグラフは、先ほどの計測と同じデータでレスポンスタイムを取り出してグラフ化したものです。縦軸がタイム、横軸がテストケースです。タイムは細線が最小タイムから最大タイムまでを表し、太線が99パーセンタイルから95パーセンタイルを表します。1本ずつある太い横線は平均タイムです。

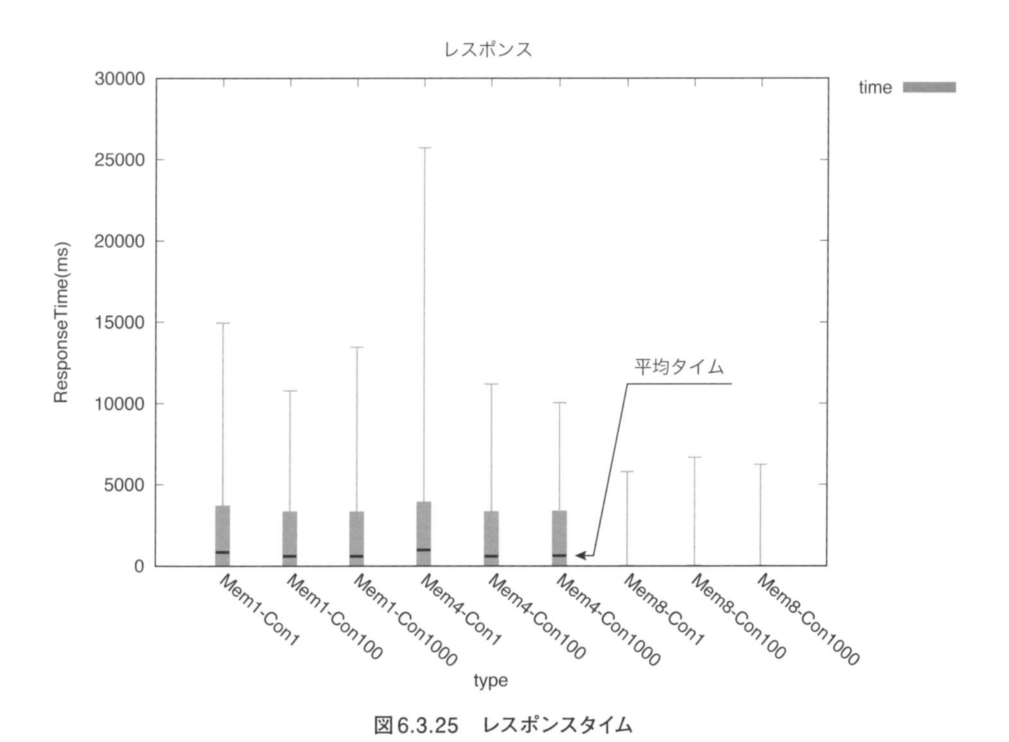

図6.3.25 レスポンスタイム

大体5000ms以下でレスポンスを返しているようです。平均は1000ms程度なので、ページを表示するまでに約1秒強かかってるということになります。最悪のケースを見ると、大体10秒から15秒になっていますが、メモリが8MiBある環境では7500msを切っているようです。しかし、**8MiB**は太線が表示されていないように見えますね。これを拡大してみると次のようになります。

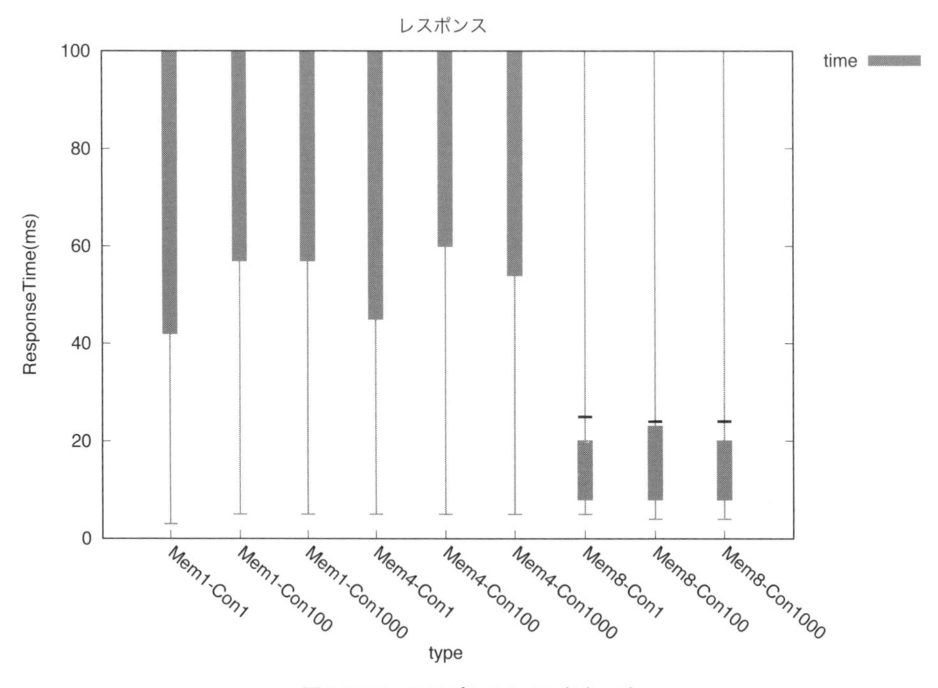

図6.3.26　レスポンスタイム(ズーム)

ご覧の通り、圧倒的な差を付けていました。**8MiB**の場合、ほとんどのケースで20ms程度しか待たせていないという結果が出ています。どうやら**8MiB**でデプロイすれば、おおむね快適に動くようです。

今回はとても簡単で素早いアプリケーションでしたが、複雑なアプリケーションになってくると結果が変わってきます。初期化や起動に時間がかかるコンテナや、メモリを大量に使うアプリケーションならば、これとは別の結果になるでしょう。さらにデータベースに接続すれば、そのデータベースの性能に引っ張られてCloud Runの性能が上がらないといったことも発生します。

Cloud Runだけに注目せず、接続された各コンポーネントをしっかり観測してベストな値を見つけ出しましょう。

推測するな、計測せよ。(Rob Pike)

6.4 まとめ

Cloud Runは、とても簡単に利用できることは伝わったでしょうか。伝わったのであれば、筆者はとても嬉しいです。

小さなアプリケーションならすぐに開発してデプロイできるため、個人開発にも向いているでしょう。いつもスクリプトで済ませているWebスクレイピングをAPIとしてCloud Runにデプロイすれば、どの端末からでも呼び出せますし、PCが壊れてもcurlコマンドさえあればまたすぐに使えます。使わなければ料金も発生せず、使ってもほとんど1回に1円かかりませんから、お財布にも優しいのも嬉しいところですね。

その反面、データベースや他サービスとの統合については考える点が多いことも学べたと思います。しかしこの複雑さは、他の様々な別サービスでも同様です。

Cloud RunはDockerコンテナとしてローカルで動かせるので、環境変数を利用してモックに切り替える実装を行うなど、できるだけ疎結合なアプリケーションを構築するのがコツです。ローカルPCで副作用なく検証できる環境が揃えば、手元のPCだけでトライ＆エラーを繰り返すことで、バグの早期解消を見込めます。またそれは、リリースするアプリケーションのバグ減少につながります。

for Anthos版については深く語りませんでしたが、すでにKubernetesを利用していれば優秀な一手として活用できると思います。今Kubernetesを使っていない人でも、Kubernetesを勉強する資料の1つとして活用できるでしょう。Cloud RunがKubernetesに渡しているyamlファイルも参照できるため、どういう設定でどういう振る舞いをするのかを知る手がかりにもなります。

Cloud Runは簡単に使えますが、その奥はとてもとても深く、筆者も筆を進めれば進めるほど増える奥深さに舌を巻きました。初心者から上級者まで、多くの人に活用の幅がある可能性に溢れたサービスです。ぜひ皆さんもこれを機会に、自分だけのアプリケーションを作って公開してみましょう。

ね、簡単でしょ？（Bob Ross）

さて、次の章ではサービスメッシュについて解説します。サービスメッシュは、Cloud Runが自動化している範囲の1つでもあります。よく理解することで、Cloud Runについての理解も深まるでしょう。

第7章 サービスメッシュ

この章では、サービス間のネットワークを管理するサービスメッシュについて説明します。

まずサービスメッシュの背景として、マイクロサービスの概要とその課題を説明し、次に、サービスメッシュの概要を示します。最後に、オープンソースのサービスメッシュであるIstioをMinikubeにインストールし、サンプルアプリケーションを動かしながらサービスメッシュの機能について説明します。

7.1 マイクロサービスアーキテクチャ

近年、アプリケーションアーキテクチャの1つであるマイクロサービスが注目されています。

マイクロサービスは、互いに独立した小さなサービスをネットワークを介して組み合わせることで、1つのシステムを実現するアプリケーションアーキテクチャです。マイクロサービスの「サービス」とは、例えばフロントエンドや認証、決済、在庫管理など、「ある役割を担う部品」と捉えればわかりやすいと思います。

マイクロサービスと対極する別のアーキテクチャとして、複数のサービスを分散させるのではなく、1つのアプリケーションにサービスをまとめるモノリシック・アーキテクチャがあります。

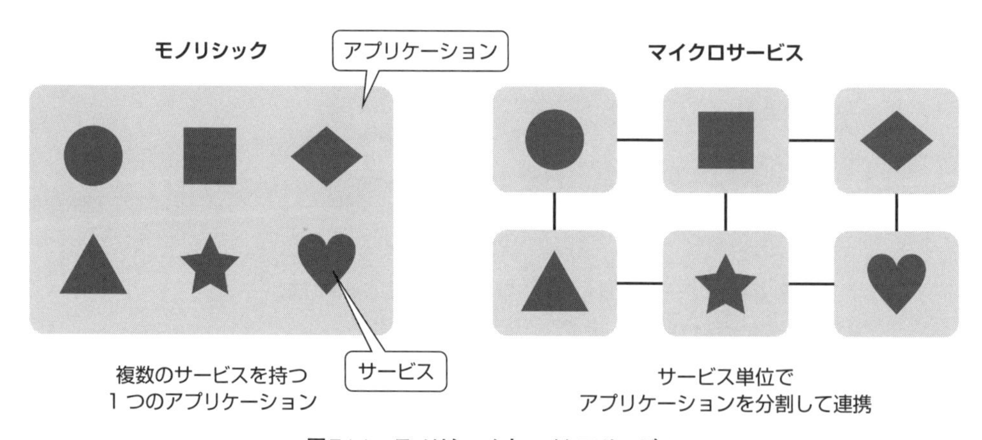

図7.1.1　モノリシックとマイクロサービス

マイクロサービスは、モノリシックと比べるといくつかのメリットがあります。具体的なメリットを見ていきましょう。

7.1.1 サービスごとに独立している

モノリシックの場合、アプリケーションが大規模になると、サービス同士の依存関係が複雑になりがちです。依存関係が複雑になり、修正の影響がどこに及ぶか把握できなくなって

しまうと、サービスの追加や修正の難易度が非常に高くなります。そうなると修正したくてもできない、いわゆるレガシーシステムになってしまい、ビジネスニーズにシステムが柔軟に対応できない……なんてことになりかねません。また、一部のサービスで障害が発生すると、アプリケーション全体が停止する可能性があります。

一方、マイクロサービスはサービスごとに疎結合です。それぞれのサービスが独立しているため、他のサービスに影響を与えずに、新しいサービスを追加できます。また、ソースコードを修正しても、その影響は1つのサービス内で完結します。インターフェースさえ守っていれば、他サービスへの影響を気にせずコードを修正することができます。障害に関しても、影響範囲が1つのサービス内で収まるため、他サービスへの影響を最小限にして、システム全体が停止するという事態を防ぐことができます。

このようにマイクロサービスはモノリシックに比べ、ビジネスの変化に対応できる柔軟なシステムを構築しやすいアーキテクチャと言えます。

7.1.2 小規模チームで動ける

大規模チームでの開発は、コミュニケーションコストが増大し、動きが遅くなる傾向があります。

「組織構造とシステム設計は同じになる」というコンウェイの法則[注1]に従い、マイクロサービスはサービスごとにチームを編成するのがよいとされています。サービスごとにチームを編成すると、小規模チームになって個人が自律的に行動しやすく、またサービスごとに疎結合であることからチームごとに独立して意思決定ができ、俊敏な開発が可能となります。

注1 メルヴィン・コンウェイが提唱した、「システムの構造は、それを設計する組織の構造に似る」という法則です。

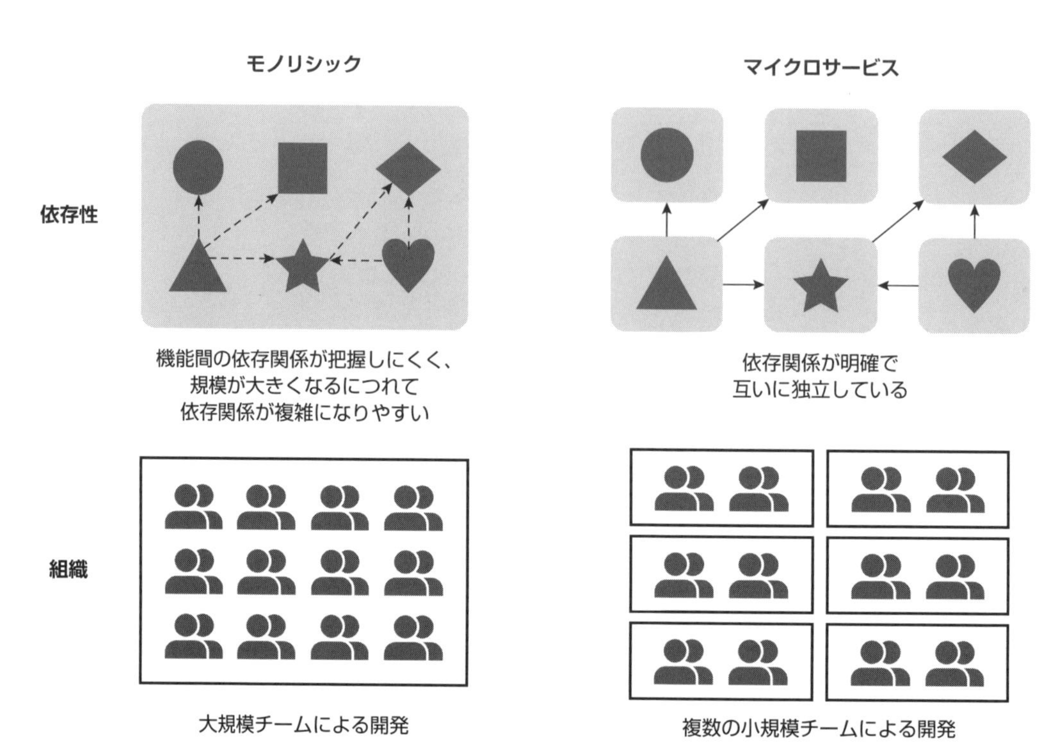

図7.1.2　モノリシックとマイクロサービスの比較

7.1.3 サービスごとにスケーリングできる

モノリシックの場合、1つのサービスへの負荷が増大しても、スケーリングの単位はアプリケーションとなるため、アプリケーション全体をスケーリングしなければなりません。その結果、必要のないサービスのリソース分は無駄になってしまいます。

マイクロサービスの場合、スケーリングの単位はサービスごとです。負荷がかかるサービスを増やし、逆に負荷が軽いサービスを減らすことができるので、効率よくリソースを活用できます。

7.1.4 サービスを再利用できる

モノリシックの場合、あるアプリケーションから、別のアプリケーションの中の特定のサービスを利用したいとしても、外部へのインターフェースがない限りは、そのサービスを呼び出すことはできません。

マイクロサービスの場合は、サービス単位で分かれているため、利用したいサービスを呼び出せます。

7.1.5 サービスごとに技術を選択できる

マイクロサービスの場合、例えばあるサービスではJava、別のあるサービスではGoを開発言語として採用するなど、サービスの特徴やチームの能力に応じた最適な技術を選定できます。

これらのメリットから、新規アプリケーションのアーキテクチャにマイクロサービスを採用したり、モノリシックなアプリケーションをマイクロサービスに移行したりする企業が増えてきているように思います。

ただし、モノリシックよりマイクロサービスの方が優れたアーキテクチャかというと、必ずしもそういうわけではありません。マイクロサービスにもマイクロサービスなりの課題があります。

7.2 マイクロサービスの課題

マイクロサービスの課題として、サービス数の増加によるサービスの管理負荷増大と、ネットワークの管理負荷増大が挙げられます。このうちサービスの管理に関しては、コンテナを採用して、Kubernetesを利用することで運用を自動化できます。

ネットワークの管理についてはどうでしょうか。マイクロサービスは規模が多くなるほどサービスの数が多くなり、サービス同士がネットワークを介して複雑に絡み合うことになります。サービス同士が複雑に絡み合ったネットワークはメッシュ（網の目）のようになることから、マイクロサービスのネットワーク（またはネットワーク基盤）はサービスメッシュと呼ばれています。

ここではサービスメッシュが複雑になったときに発生する課題を見ていきましょう。

7.2.1 どの通信に問題が発生したかを把握しづらい

サービスの数が多ければ多いほど、システム障害が発生した際、どのサービスで障害が発生したかを特定しにくくなります。同様に、レスポンスが遅延したとき、どのサービスがボトルネックになっているのかを特定しにくくなります。

リクエストがどれくらいきているか、リクエストは成功しているか、各サービス間のレイテンシがどれくらいかかっているのかなど、サービス間のネットワーク状況を把握しておかなければなりません。

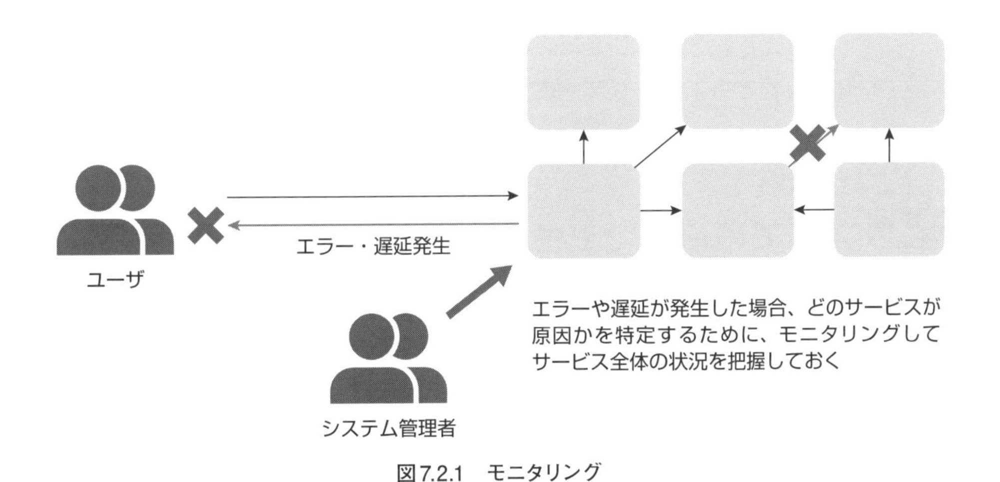

図7.2.1　モニタリング

7.2.2 サービスのデプロイの回数が増える

マイクロサービスのメリットは、サービスごとに小さい開発サイクルを回せることでした。それは同時に、サービスをデプロイする回数の増加を意味します。さらにサービス自体の数が増えると、デプロイの数は増えます。式で表すと「デプロイ数＝サービス数×サービス更新数」なので、デプロイ数はかなりの量になります。

デプロイは、何らかの障害が発生する可能性がある、リスクのある作業です。例えば、少しずつ新しいバージョンにトラフィックを流したり、障害が発生したらすぐにロールバックできるようにしたりと、デプロイはなるべく安全な方法で行い、少しでも障害のリスクを下げる必要があります。

またシステム管理者であれば、A/Bテストや流量制御などの比較的高度なネットワーク制御を要求されるかもしれません。

7.2.3 障害が発生する箇所が増える

マイクロサービスでは、サービスの数だけ障害が発生するポイントがあるということになります。

あるサービスで障害が発生したら他のサービスにドミノ式に波及し、システム全体が動かなくなってしまう……というのは障害に強いシステムとは言えません。あるサービスで障害が発生しても、正常に稼働しているサービスで提供可能な部分は、提供できるようにしておかなければなりません。また障害に強いシステムであることを確認するために、あるサービスの停止が全体としてどのような影響を及ぼすのかを、実際に確認しておく作業が必要になります。

7.2.4 すべての通信でセキュリティを担保する必要がある

システム管理者は、ネットワークのセキュリティを担保しなければなりません。暗号化、アクセス制御、認証、認可などを実装して、サービス間の通信を常に安全な状態にしておく必要があります。それらをすべての通信に適用するとなると、なかなか大変な作業になります。

7.3 Istioの概要

前節で述べたようなネットワーク機能を実現するために、従来はソースコードにネットワークの機能を記述していました。しかし、開発言語ごとに実装方法が異なる、ネットワーク構成を変更するたびにアプリケーションを改修しなければならない、本来重視すべきビジネスロジックとネットワークロジックが混在してしまう、といった課題がありました。

そこで、マイクロサービスのネットワークに関する課題を解決してくれるネットワーク基盤として、Istioが開発されました。Istio（ギリシャ語で帆を表す）は、GoogleとIBM、Lyftが共同で開発したオープンソースのサービスメッシュです。サービスメッシュがマイクロサービスのネットワーク層を管理します。

Istioの特徴は、サイドカーモデルを採用している点です。Podの中にEnvoyという軽量プロキシのコンテナを入れ込み、そのEnvoyがネットワークを仲介するという仕組みになっています。そのため**アプリケーションのコードを変更することなく**、Istioのほとんどの機能を利用できます。

Istioは、様々な言語で構成されているマイクロサービスにも対応できます。また、すでに作成済みの環境に対しても、再構成せずにIstioを導入することが可能です。

7.4 Istioのアーキテクチャ

それでは、Istioを構成するコンポーネントについて解説します。図7.4.1のように、Istioを管理するコントロールプレーンと、トラフィックを制御するデータプレーンに分かれています。

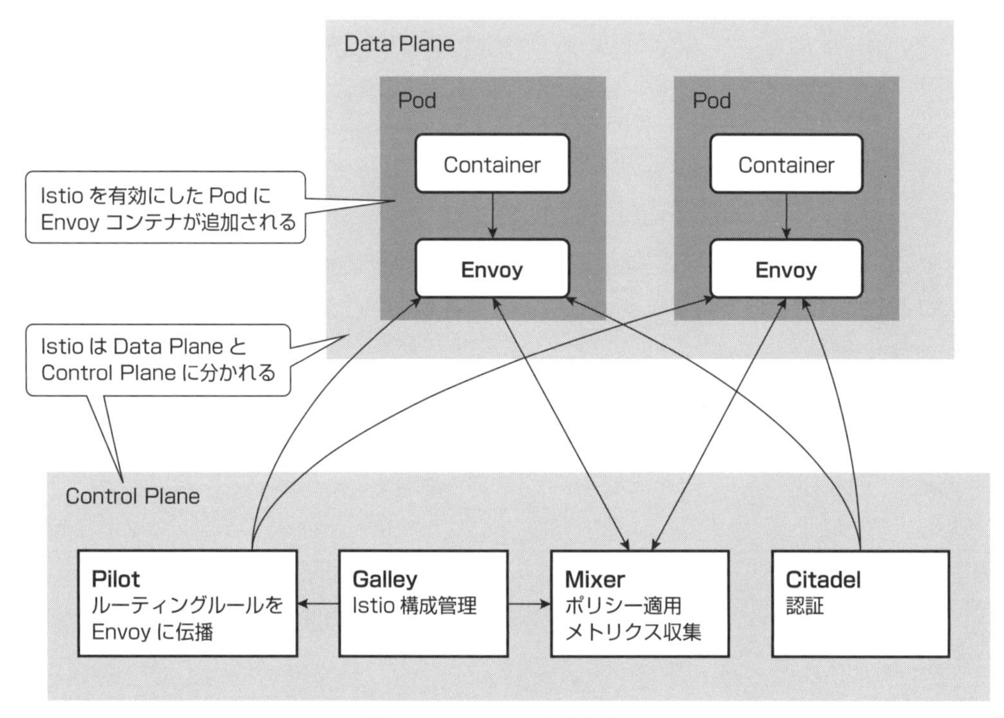

図7.4.1　Istioアーキテクチャ

7.4.1 コントロールプレーン

コントロールプレーンは、Envoyの構成を管理したり、Envoyからメトリクスを収集したりします。KubernetesのMasterのような役割を担います。

コントロールプレーンは、いくつかのコンポーネントに分かれています。

■ Mixer

アクセスポリシーをサービスメッシュ全体に適用します。またEnvoyからメトリクスを収集します。

■ Pilot

サービスディスカバリと、ルーティングルールをEnvoyに提供します。

■ Galley

Istioの構成を管理します。

■ Citadel

認証系の機能を提供します。

7.4.2 データプレーン

データプレーンは、ネットワークを仲介するEnvoyを指します。

Envoyはオープンソースの軽量なプロキシです。EnvoyコンテナがサイドカーとしてPodに追加され、Podに対するすべての通信はEnvoyを介して行われます（図7.4.2）。

PodごとにコマンドでEnvoyを追加できますし、Podがデプロイされたら自動でEnvoyを追加するようにNamespaceを設定することもできます。

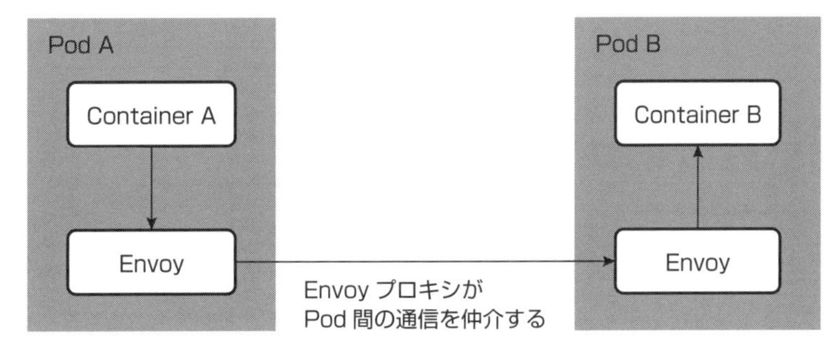

図7.4.2　Envoy

7.5 Istioハンズオン

ここからは、Istioを使ってどのようなことができるのか、MinikubeにIstioをインストールして説明していきます。なお、サンプルコードの07/command.txtに、実行するコマンドをまとめて記載しています（サンプルコードについては「はじめに」を参照してください）。

Column ▶ Istio on GKE

IstioはGKEのアドオンとしても提供されています。新規でGKE Clusterを作成する際に有効にすることもできますし、既存のGKE Clusterへの追加も可能です。

Istio on GKEを有効にすると、自動的にIstioがClusterにインストールされます。コントロールプレーンはMasterのアップグレード時、データプレーンはNodeのアップグレード時に、自動的にGKEがサポートしている最新のバージョンに更新されます。

また、Stackdriver Kubernetes Engine Monitoringを有効にしていれば、Stackdriverに自動的にメトリクス、ログ、トレースデータを送信します。

Istio on GKEの場合、コントロールプレーンの設定のほとんどはGoogle側が管理するため、設定をカスタマイズしたいときはGKEにオープンソースのIstioをインストールします。

7.5.1 Istioの導入

それではMinikubeにIstioを導入します。ここではIstioのバージョンは1.4.2を想定しています。

Istioは現在も開発が進められており、バージョンによっては操作方法、インストール方法が異なる場合があります。最新の情報はIstio公式ドキュメント[注2]をご参照ください。

まずはMinikubeを起動します。Istioを導入すると、コントロールプレーンとデータプレーン分のCPUとメモリを消費するので、メモリは3G利用するように設定します。CPUとメモリが少ないと、Podが配置できず正常に動作しない場合があります。

Minikubeで使用するCPUとメモリを増やす際は、必要のないプロセスを終了するなどし

注2　https://istio.io/docs/setup/install/

て、PC自体のリソースが枯渇しないように注意してください。

Kubernetesのバージョンは1.15.7を想定しています。--kubernetes-versionオプションでバージョンを指定します。

```
$ minikube start --vm-driver=virtualbox --memory=3072 --kubernetes-version=v1.15.7
🙄  minikube v1.5.0 on Darwin 10.15.1
🔥  Creating virtualbox VM (CPUs=2, Memory=3072MB, Disk=20000MB) ...
（以下省略）
```

続いてIstioをGitHubからダウンロードします。ダウンロードするディレクトリに移動して、次のコマンドを実行してください。

```
$ curl -L https://git.io/getLatestIstio | ISTIO_VERSION=1.4.2 sh -
```

ダウンロード先のディレクトリに移動します。

```
$ cd istio-1.4.2
```

次のコマンドで、istioctlのパスを通します。istioctlはIstioを操作するためのコマンドラインインターフェースです。

```
$ export PATH=$PWD/bin:$PATH
```

パスが通っているか確認しましょう。

```
$ istioctl version
2019-12-18T06:26:31.561871Z     warn    will use `--remote=false` to retrieve versi⏎
on info due to `no Istio pods in namespace "istio-system"`
1.4.2
```

1.4.2と表示されれば成功です。IstioのPodが見つからないという警告が表示されますが、まだIstioをインストールしていないので無視して問題ありません。

続いて、Istioをインストールできるかどうかチェックします。チェックが通ればインストール可能です。Istio v1.4.2がKubernetesのバージョンをサポートしていないと、チェックが通らない可能性があります。その場合は対応しているバージョンのKubernetesを選択してください。Istio v1.4はKubernetes v1.13、v1.14、v1.15をサポートしています。

```
$ istioctl verify-install

Checking the cluster to make sure it is ready for Istio installation...
```

```
#1. Kubernetes-api
-----------------------
Can initialize the Kubernetes client.
Can query the Kubernetes API Server.
（中略）
-----------------------
Install Pre-Check passed! The cluster is ready for Istio installation.
```

これでインストールする準備が整いました。

7.5.2 Istioのインストール

デモ用に用意されている構成プロファイルを使ってIstioをインストールします。

```
$ istioctl manifest apply --set profile=demo
Preparing manifests for these components:
- Base
- CertManager
（以下省略）
```

このコマンドにより、IstioのCustom Resource Definitions（CRDs）が作成されます。CRDsは、すでにあるPodなどのリソースとは別に、カスタムのリソースを定義します。ここではIstio固有のリソースを定義しています。CRDsが作成されていることは、次のコマンドで確認できます。

```
$ kubectl get crds
  NAME                                       CREATED AT
  adapters.config.istio.io                   2019-12-18T06:29:04Z
  attributemanifests.config.istio.io         2019-12-18T06:29:04Z
  authorizationpolicies.security.istio.io    2019-12-18T06:29:04Z
  clusterrbacconfigs.rbac.istio.io           2019-12-18T06:29:04Z
  destinationrules.networking.istio.io       2019-12-18T06:29:04Z
  envoyfilters.networking.istio.io           2019-12-18T06:29:04Z
  gateways.networking.istio.io               2019-12-18T06:29:04Z
  handlers.config.istio.io                   2019-12-18T06:29:04Z
（以下省略）
```

その他Istioのコンポーネントも作成され、istio-system Namespaceにデプロイされます。

次のコマンドで、Podが起動していることを確認します。Podが起動するまでに10～15分程度時間がかかる場合があります。STATUSがすべてRunningになっていればインストール成功です。

```
$ kubectl get pods -n istio-system
NAME                                      READY   STATUS    RESTARTS   AGE
grafana-5f798469fd-cvdl7                  1/1     Running   0          11m
istio-citadel-6dc789bc4c-sqvqg            1/1     Running   0          11m
istio-egressgateway-75cb89bd7f-p7zmc      1/1     Running   0          11m
istio-galley-5bcd89bd9c-nglqw             1/1     Running   0          11m
istio-ingressgateway-7d6b9b5ffc-qzkx6     1/1     Running   0          11m
istio-pilot-678b45584b-kltr9              1/1     Running   0          11m
istio-policy-9f78db4cb-dxts6              1/1     Running   2          11m
istio-sidecar-injector-7d65c79dd5-h4v79   1/1     Running   0          11m
istio-telemetry-fc488f958-2tvcs           1/1     Running   2          11m
istio-tracing-cd67ddf8-72r6p              1/1     Running   0          11m
kiali-7964898d8c-kwgvz                    1/1     Running   0          11m
prometheus-586d4445c7-9f4wt               1/1     Running   0          11m
```

リソース不足でPodが起動しない場合は、MinikubeのCPUやMemoryを増やしてみてください。

7.5.3 Envoyの導入方法

PodにEnvoyを導入する方法は2つあります。コマンドでPodごとにEnvoyを導入する方法と、Podがデプロイされたら自動でEnvoyを導入する方法です。

ここではdefault NamespaceにPodがデプロイされると、自動でEnvoyが導入されるように設定します。次のコマンドで、Namespaceにラベルを付与します。

```
$ kubectl label namespace default istio-injection=enabled
namespace/default labeled
```

設定されていることを確認します。次のようにNamespaceが表示されれば成功です。

```
$ kubectl get namespaces -l istio-injection=enabled
NAME      STATUS   AGE
default   Active   20m
```

これ以降は、default NamespaceにデプロイしたPodには自動的にEnvoyが導入されるようになります。

7.5.4 サンプルアプリケーションのデプロイ

では、サンプルアプリケーションをdefault Namespaceにデプロイしてみましょう。この検証では、Istioの動作確認のために用意されているサンプルアプリケーションBookinfoアプリを使用します。

次のコマンドで、Bookinfoアプリをデプロイします。

```
$ kubectl apply -f samples/bookinfo/platform/kube/bookinfo.yaml
service/details created
serviceaccount/bookinfo-details created
deployment.apps/details-v1 created
service/ratings created
serviceaccount/bookinfo-ratings created
deployment.apps/ratings-v1 created
service/reviews created
serviceaccount/bookinfo-reviews created
deployment.apps/reviews-v1 created
deployment.apps/reviews-v2 created
deployment.apps/reviews-v3 created
service/productpage created
serviceaccount/bookinfo-productpage created
deployment.apps/productpage-v1 created
```

Podが起動していることを確認します。STATUSがすべてRunningになれば成功です。

```
$ kubectl get pods
NAME                              READY   STATUS    RESTARTS   AGE
details-v1-c5b5f496d-trr5t        2/2     Running   0          3m25s
productpage-v1-c7765c886-5cv9v    2/2     Running   0          3m24s
ratings-v1-f745cf57b-c7bh4        2/2     Running   0          3m25s
reviews-v1-75b979578c-l766w       2/2     Running   0          3m24s
reviews-v2-597bf96c8f-pk9qw       2/2     Running   0          3m24s
reviews-v3-54c6c64795-66xgn       2/2     Running   0          3m24s
```

続いて、Serviceが存在していることを確認します。

```
$ kubectl get svc
NAME          TYPE        CLUSTER-IP       EXTERNAL-IP   PORT(S)    AGE
details       ClusterIP   10.105.3.241     <none>        9080/TCP   3m40s
kubernetes    ClusterIP   10.96.0.1        <none>        443/TCP    25m
productpage   ClusterIP   10.100.244.134   <none>        9080/TCP   3m39s
ratings       ClusterIP   10.101.127.9     <none>        9080/TCP   3m39s
reviews       ClusterIP   10.99.152.5      <none>        9080/TCP   3m39s
```

次の`istioctl proxy-status`コマンドにより、メッシュの概要を確認することができます。`SYNCED`は、Pilotから送信される設定をEnvoyが正しく受け取っていることを表します。

サンプルアプリケーションの各Pod内のEnvoyが正しく設定されていることを確認しま

す。istio-egressgatewayが一部NOT SENTとなりますが、問題ありません。

```
$ istioctl proxy-status
NAME                                                   CDS        LDS        EDS  ↩
     RDS          PILOT                              VERSION
details-v1-c5b5f496d-trr5t.default                     SYNCED     SYNCED     SYNCED↩
     SYNCED       istio-pilot-678b45584b-kltr9       1.4.2
istio-egressgateway-75cb89bd7f-p7zmc.istio-system      SYNCED     SYNCED     SYNCED↩
     NOT SENT     istio-pilot-678b45584b-kltr9       1.4.2
istio-ingressgateway-7d6b9b5ffc-qzkx6.istio-system     SYNCED     SYNCED     SYNCED↩
     SYNCED       istio-pilot-678b45584b-kltr9       1.4.2
productpage-v1-c7765c886-5cv9v.default                 SYNCED     SYNCED     SYNCED↩
     SYNCED       istio-pilot-678b45584b-kltr9       1.4.2
ratings-v1-f745cf57b-c7bh4.default                     SYNCED     SYNCED     SYNCED↩
     SYNCED       istio-pilot-678b45584b-kltr9       1.4.2
reviews-v1-75b979578c-l766w.default                    SYNCED     SYNCED     SYNCED↩
     SYNCED       istio-pilot-678b45584b-kltr9       1.4.2
reviews-v2-597bf96c8f-pk9qw.default                    SYNCED     SYNCED     SYNCED↩
     SYNCED       istio-pilot-678b45584b-kltr9       1.4.2
reviews-v3-54c6c64795-66xgn.default                    SYNCED     SYNCED     SYNCED↩
     SYNCED       istio-pilot-678b45584b-kltr9       1.4.2
```

ratingsのPodからcurlコマンドを実行し、BookInfoアプリにアクセスできることを確認します。

```
$ kubectl exec -it $(kubectl get pod -l app=ratings \
  -o jsonpath='{.items[0].metadata.name}') -c ratings \
  -- curl productpage:9080/productpage | grep -o "<title>.*</title>"
<title>Simple Bookstore App</title>
```

最終行のように表示されれば成功です。

7.5.5 Istio Ingress GatewayとIstio Egress Gateway

Istio Ingress Gatewayは、メッシュ外からメッシュ内へのインバウンド通信を仲介する役割を担います。Istio Egress Gatewayは、メッシュ内からメッシュ外へのアウトバウンド通信を仲介する役割を担います。

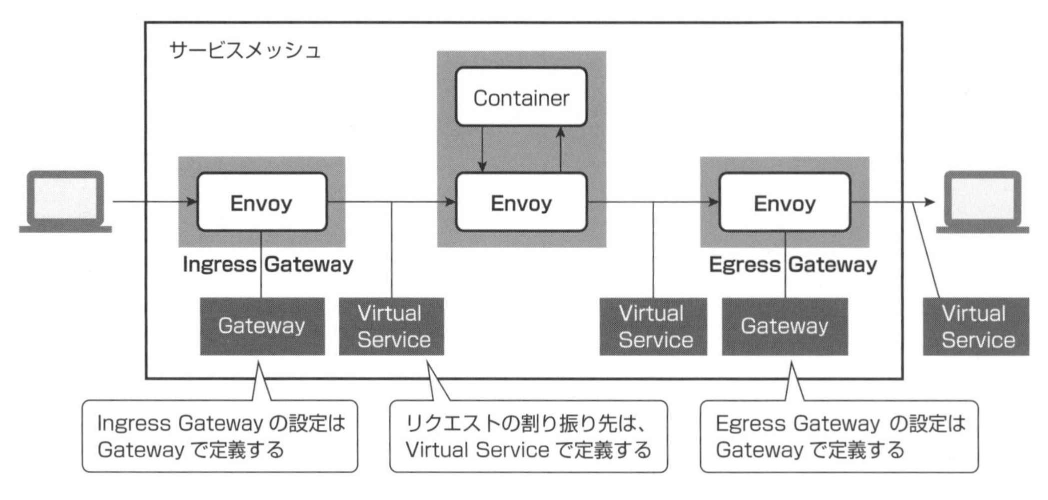

図7.5.1　Ingress GatewayとEgress Gateway

ここではdemo構成プロファイルを利用してIstioをインストールしたので、デフォルトのIstio Ingress GatawayとIstio Egress Gatawayがistio-system Namespaceにインストールされています。Istio Ingress GatewayとIstio Egress Gatewayは、DeploymentとServiceとして実装されます。中身はEnvoyコンテナです。

Istio Ingress GatawayとIstio Egress GatawayのDeploymentが存在していることを確認します。

```
$ kubectl get deployments istio-egressgateway istio-ingressgateway -n istio-system
NAME                    READY   UP-TO-DATE   AVAILABLE   AGE
istio-egressgateway     1/1     1            1           6m43s
istio-ingressgateway    1/1     1            1           6m43s
```

同様に、Istio Ingress GatewayとIstio Egress GatawayのServiceが存在していることを確認します。

```
$ kubectl get services istio-egressgateway istio-ingressgateway -n istio-system
NAME                    TYPE           CLUSTER-IP      EXTERNAL-IP   PORT(S)       ↵
              AGE
istio-egressgateway     ClusterIP      10.109.98.113   <none>        80/TCP,443/TCP↵
,15443/TCP    7m16s
istio-ingressgateway    LoadBalancer   10.96.10.79     <pending>     15020:31596/TC↵
P,（省略）    7m16s
```

続いてGatewayリソースを作成して、使用するポートやプロトコルなどIngress Gateway

の設定をistio-ingressgateway Podに適用します。また、後ほど「7.5.7 Virtual ServiceとDestination Rule」で説明するVirtual Serviceリソースを作成し、Istio Ingress Gatewayに対してルーティングルールを定義します。

```
$ kubectl apply -f samples/bookinfo/networking/bookinfo-gateway.yaml
gateway.networking.istio.io/bookinfo-gateway created
virtualservice.networking.istio.io/bookinfo created
```

Gatewayが作成できていることを確認します。

```
$ kubectl get gateways
NAME               AGE
bookinfo-gateway   9s
```

Virtual Serviceが作成できていることを確認します。

```
$ kubectl get virtualservices
NAME               AGE
bookinfo-gateway   9s
```

yamlファイルの中身を確認してみましょう。

リスト7.5.1　bookinfo-gateway.yaml

```
apiVersion: networking.istio.io/v1alpha3
kind: Gateway
metadata:
  name: bookinfo-gateway
spec:
  selector:
    istio: ingressgateway # use istio default controller
  servers:
  - port:
      number: 80
      name: http
      protocol: HTTP
    hosts:
    - "*"
---
apiVersion: networking.istio.io/v1alpha3
kind: VirtualService
metadata:
  name: bookinfo
spec:
```

```
  hosts:
  - "*"
  gateways:
  - bookinfo-gateway
  http:
  - match:
    - uri:
        exact: /productpage
    - uri:
        prefix: /static
    - uri:
        exact: /login
    - uri:
        exact: /logout
    - uri:
        prefix: /api/v1/products
    route:
    - destination:
        host: productpage
        port:
          number: 9080
```

まずbookinfo-gateway Gatewayでは、`selector`フィールドにより、「istio: ingressgateway」というラベルを持つPodに対して設定を適用するように定義しています。先ほど確認したistio-ingressgateway Deploymentが管理しているPodにはこのラベルが付与されているので、istio-ingressgateway PodにGatewayの設定が適用されます。また`servers`フィールドにより、80番ポートへのHTTPプロトコルのリクエストを許可するように定義しています。それ以外のリクエストは拒否します。

Virtual Serviceでは、`gateways`フィールドにより、bookinfo-gateway Gatewayに対してルールを適用するように定義しています。`http`フィールド内で定義したルールにマッチしたリクエストを、`destination`フィールドで指定したホスト（productpage）とポート（9080）に一致する宛先にリクエストを割り振るように定義しています。

これで設定は完了です。Istio Ingress Gateway経由でBookinfoアプリにアクセスできるか確認してみましょう。次のコマンドでIstio Ingress GatewayのURLを取得し、`curl`コマンドを実行します。

```
$ export INGRESS_PORT=$(kubectl -n istio-system get service istio-ingressgateway \
  -o jsonpath='{.spec.ports[?(@.name=="http2")].nodePort}')
$ export INGRESS_HOST=$(minikube ip)
$ export GATEWAY_URL=$INGRESS_HOST:$INGRESS_PORT
$ curl -s http://${GATEWAY_URL}/productpage | grep -o "<title>.*</title>"
<title>Simple Bookstore App</title>
```

最終行のように表示されれば成功です。
ブラウザ経由でもアクセス可能なことを確認しましょう。

```
$ echo http://$GATEWAY_URL/productpage
http://192.168.64.16:31380/productpage
```

表示されるURLにアクセスして、Bookinfoアプリの画面が表示されれば成功です。

7.5.6 Bookinfoアプリの概要

Bookinfoアプリは次の4つのマイクロサービスで構成されています。

- productpageサービス
  フロントエンドのサービスで、detailsサービスとreviewsサービスを呼び出します。

- detailsサービス
  本の情報を提供します。

- reviewsサービス
  本のレビュー情報を提供するとともに、ratingsサービスを呼び出します。

- ratingsサービス
  レビュー情報に付随する本のランキング情報を提供します。

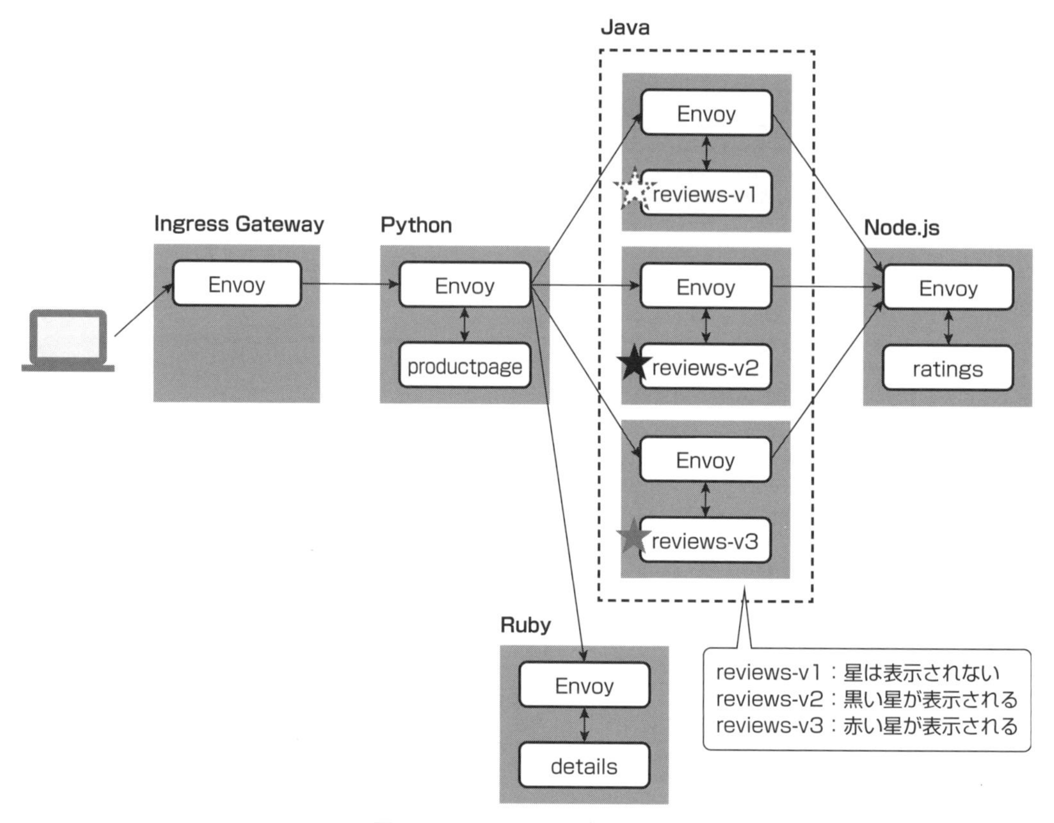

図7.5.2　Bookinfoアプリの構成

詳細はIstioの公式ドキュメント注3を確認してください。

これでサンプルアプリケーションの準備が整いました。

7.5.7 Virtual ServiceとDestination Rule

まずはIstioにおいてメインで設定するオブジェクトである、Virtual ServiceとDestination Ruleについて説明します。どちらもIstioを理解する上で重要なリソースですので、ここでしっかり押さえておきましょう。

Virtual Serviceは、EnvoyがServiceなどの宛先にリクエストを転送する際のルールを定義するオブジェクトです。Virtual Serviceがないと、Envoyはラウンドロビンでリクエストを割り振ります。ブラウザ上のBookinfoアプリの画面を何度かリロードすると、reviewsの

注3　https://istio.io/docs/examples/bookinfo/

バージョンがラウンドロビンで表示されることが確認できます（v1は何も表示されず、v2は黒い星、v3は赤い星が表示されます）。Virtual Serviceを設定すれば、より高度なルーティングが可能となります。例えば、特定のエンドポイントの集合（subset）にリクエストを送信する設定、リクエストが失敗したときのリトライ設定、障害を意図的に発生させるFault Injectionの設定などができます。

Destination Ruleは、Virtual Serviceのルールが適用された後に、トラフィックに適用されるポリシーを定義するオブジェクトです。例えば、subsetの設定、ロードバランシングルールの設定、後ほど「7.5.13 サーキットブレーカー」で説明するサーキットブレーカーの設定などができます。

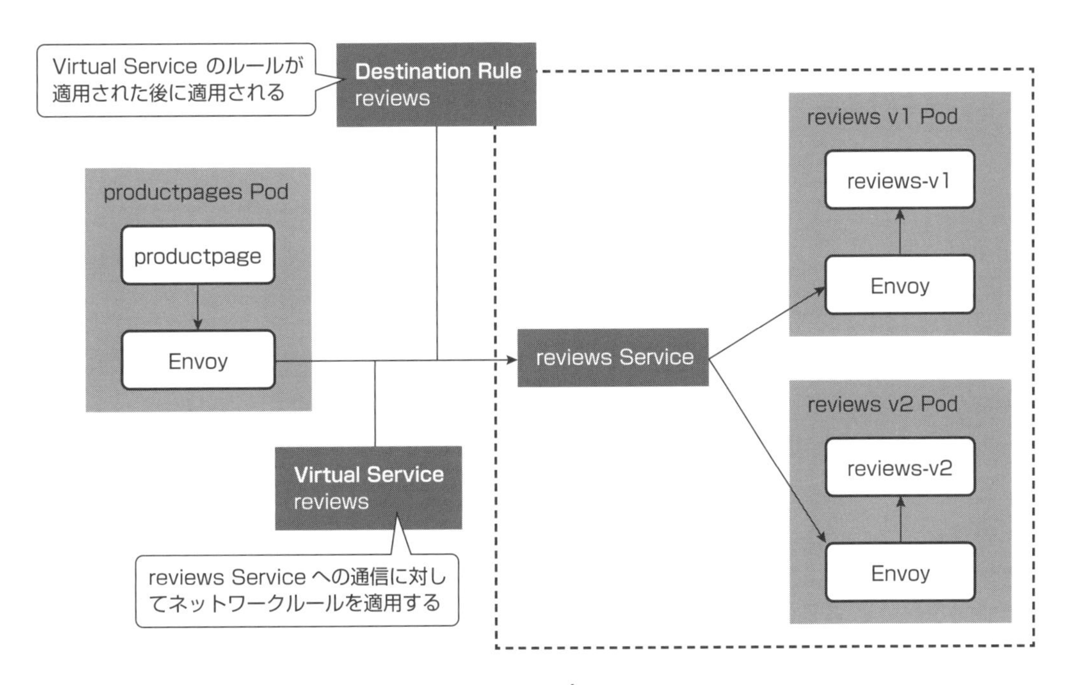

図7.5.3 Virtual ServiceとDestination Rule

試しに次のコマンドを実行し、サンプルアプリケーションに対してDestination Ruleをデプロイしてみましょう。

```
$ kubectl apply -f samples/bookinfo/networking/destination-rule-all.yaml
destinationrule.networking.istio.io/productpage created
destinationrule.networking.istio.io/reviews created
destinationrule.networking.istio.io/ratings created
destinationrule.networking.istio.io/details created
```

Destination Ruleのyamlファイルを確認してみましょう。reviewsのDestination Ruleを抜粋して示します。

リスト7.5.2　destination-rule-all.yaml

```
apiVersion: networking.istio.io/v1alpha3
kind: DestinationRule
metadata:
  name: reviews
spec:
  host: reviews
  subsets:
  - name: v1
    labels:
      version: v1
  - name: v2
    labels:
      version: v2
  - name: v3
    labels:
      version: v3
```

hostフィールドには、Destination Ruleを適用するホスト名を指定します。省略して記載することもでき、実際にこのコードで指定している「reviews」は「reviews.default.svc.cluster.local」の略です。つまり、reviewsのServiceに対して適用されます。

subsetsフィールドには、エンドポイントの集合を定義しています。このコードでは、v1、v2、v3の3つを定義しており、それぞれlabelsフィールドで宛先のPodをフィルタしています。具体的には{version: v?}というラベルでPodをフィルタします。

Virtual Serviceでv1のsubsetが指定された場合、{version: v1}というラベルを持つPodにトラフィックが送信されます。同様に、Virtual Serviceでv2のsubsetが指定された場合、{version: v2}というラベルを持つPodにトラフィックが送信されます。

reviewsのDeploymentを確認してみましょう。

リスト7.5.3　reviews-v1 Deployment

```
（省略）
spec:
  replicas: 1
  selector:
    matchLabels:
      app: reviews
      version: v1
```

```
  template:
    metadata:
      labels:
        app: reviews
        version: v1
（省略）
```

リスト7.5.4 reviews-v2 Deployment

```
（省略）
spec:
  replicas: 1
  selector:
    matchLabels:
      app: reviews
      version: v2
  template:
    metadata:
      labels:
        app: reviews
        version: v2
（省略）
```

リスト7.5.5 reviews-v3 Deployment

```
（省略）
spec:
  replicas: 1
  selector:
    matchLabels:
      app: reviews
      version: v3
  template:
    metadata:
      labels:
        app: reviews
        version: v3
（省略）
```

`{version: v?}`というラベルがそれぞれ付与されています。

それでは、Virtual Serviceを設定して、v1のみに割り振るように設定してみましょう。

```
$ kubectl apply -f samples/bookinfo/networking/virtual-service-all-v1.yaml
virtualservice.networking.istio.io/productpage created
virtualservice.networking.istio.io/reviews created
virtualservice.networking.istio.io/ratings created
virtualservice.networking.istio.io/details created
```

マニフェストの中身を確認してみましょう。reviewsの部分を抜粋したものです。

リスト7.5.6　virtual-service-all-v1.yaml

```
apiVersion: networking.istio.io/v1alpha3
kind: VirtualService
metadata:
  name: reviews
spec:
  hosts:
  - reviews
  http:
  - route:
    - destination:
        host: reviews
        subset: v1
```

hostsフィールドにはルールを適用するホスト名を設定します。このコードでは、reviews Serviceを指定しています。

httpフィールドには、HTTP通信のルーティングルールを設定します。destinationフィールドに指定するのは、ルーティング先のホスト名です。subsetフィールドでv1のsubsetを指定しています。

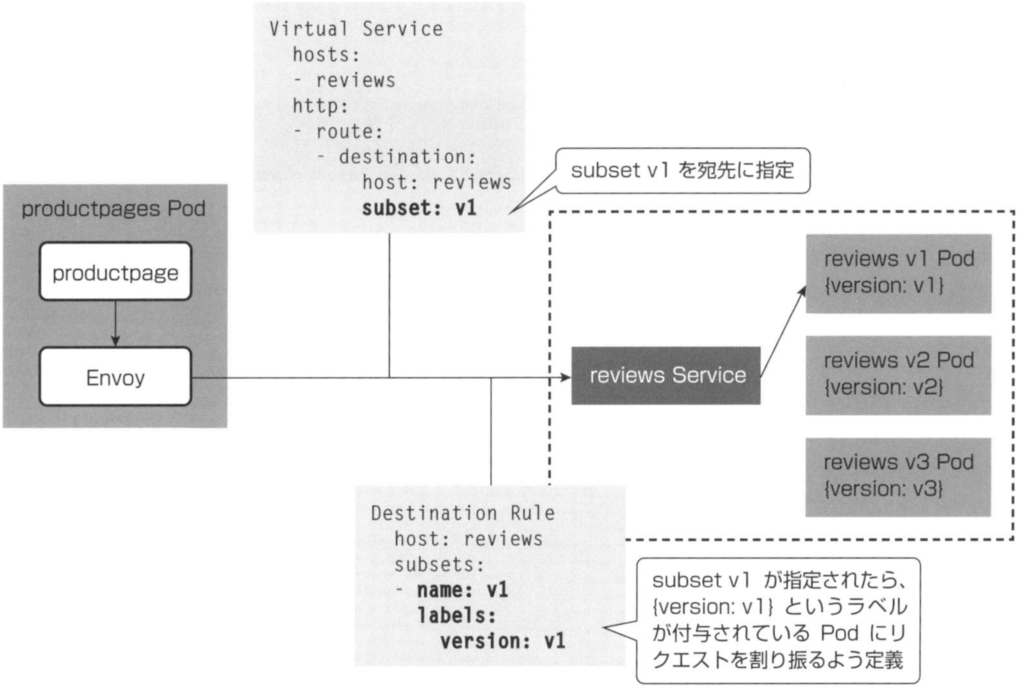

図7.5.4　review v1のみにルーティング

それではブラウザで確認してみましょう。v1のみに割り振られているので、繰り返しリロードしても星は表示されなくなりました。

ここまでVirtual ServiceとDestination Ruleについて説明しました。ここからは、Virtual ServiceとDestination Ruleを使って、実際にIstioで実現できる機能を見ていきます。

7.5.8 カナリアリリース

カナリアリリースとは、旧バージョンと新バージョンを同時に起動して、リクエストを少しずつ新バージョンに流していくリリース手法です。これは昔、炭鉱夫がガス漏れにいち早く気づけるよう、人間よりもガスの影響を受けやすいカナリアを炭鉱に持ち込んだことが名前の由来となっています。

カナリアリリース手法をとることで、バージョンアップで発生する障害の影響範囲を最小限にできます。

まずreviewのv1に50%、v3に50%の割合で割り振ります。ここではいきなりv3に対して

50%を割り振りますが、例えば最初は10%だけリリースして、問題なさそうであれば20%、30%と、少しずつリリースしていくこともできます。

```
$ kubectl apply -f samples/bookinfo/networking/virtual-service-reviews-50-v3.yaml
virtualservice.networking.istio.io/reviews configured
```

リスト7.5.7　virtual-service-reviews-50-v3.yaml

```
apiVersion: networking.istio.io/v1alpha3
kind: VirtualService
metadata:
  name: reviews
spec:
  hosts:
    - reviews
  http:
  - route:
    - destination:
        host: reviews
        subset: v1
      weight: 50
    - destination:
        host: reviews
        subset: v3
      weight: 50
```

マニフェストを見てみましょう。destinationフィールドにv1とv3が定義されています。weightフィールドで50%ずつ割り振るよう定義しています。

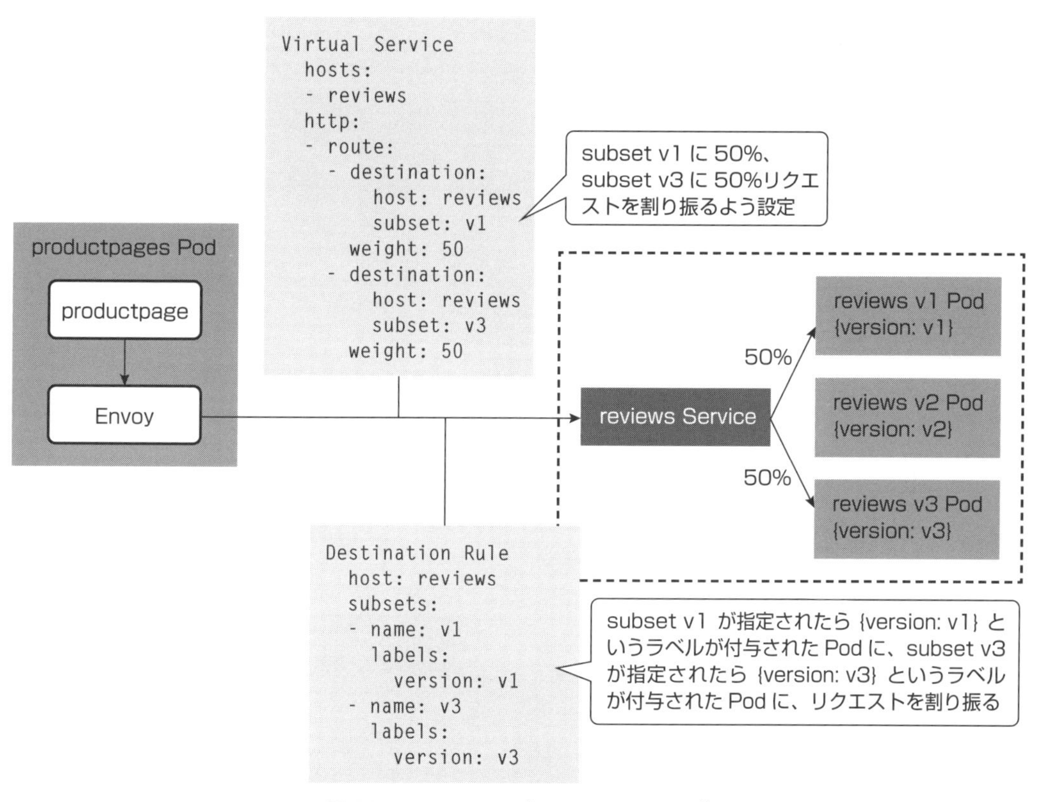

図7.5.5 reviews v1とv3にルーティング

それでは、ブラウザで確認してみましょう。何もない画面か、赤い星の画面が表示されるはずです。

もしここで問題が発生したら、v1のみに割り振るように設定し直します。v3に変更しても問題なさそうなので、すべてのトラフィックをv3に割り振るようにします。

```
$ kubectl apply -f samples/bookinfo/networking/virtual-service-reviews-v3.yaml
virtualservice.networking.istio.io/reviews configured
```

リスト7.5.8 virtual-service-reviews-v3.yaml

```
apiVersion: networking.istio.io/v1alpha3
kind: VirtualService
metadata:
  name: reviews
spec:
  hosts:
```

```
    - reviews
  http:
  - route:
    - destination:
        host: reviews
        subset: v3
```

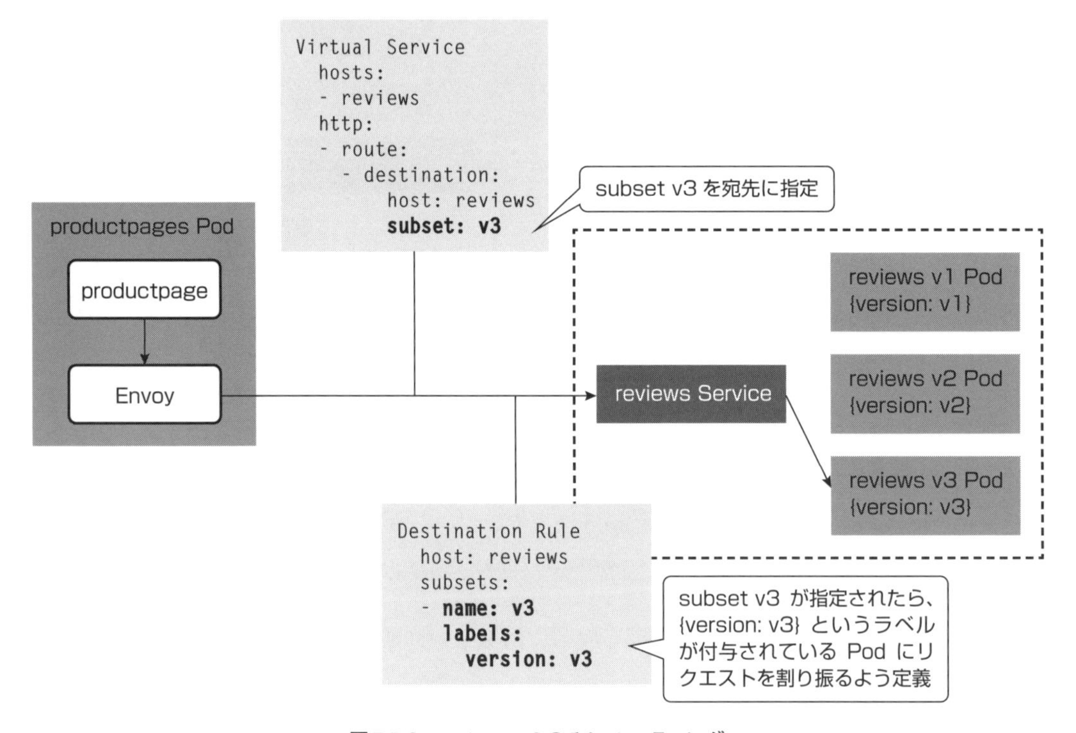

図7.5.6　reviews v3のみにルーティング

ブラウザで確認すると、赤い星の画面だけが表示されます。これでv3を問題なくリリースできました。

これがカナリアリリースの手順です。バージョンアップのリスクを軽減できていることがわかります。

最後に、v1のみに割り振るように戻しておきます。

```
$ kubectl delete -f samples/bookinfo/networking/virtual-service-all-v1.yaml
virtualservice.networking.istio.io "productpage" deleted
virtualservice.networking.istio.io "reviews" deleted
virtualservice.networking.istio.io "ratings" deleted
virtualservice.networking.istio.io "details" deleted
```

```
$ kubectl apply -f samples/bookinfo/networking/virtual-service-all-v1.yaml
virtualservice.networking.istio.io/productpage created
virtualservice.networking.istio.io/reviews created
virtualservice.networking.istio.io/ratings created
virtualservice.networking.istio.io/details created
```

7.5.9 タイムアウト

Istioではタイムアウトを設定できます。

まずVirtual Serviceを設定して、v2のみにトラフィックを割り振ります。

```
$ kubectl apply -f - <<EOF
apiVersion: networking.istio.io/v1alpha3
kind: VirtualService
metadata:
  name: reviews
spec:
  hosts:
    - reviews
  http:
  - route:
    - destination:
        host: reviews
        subset: v2
EOF
virtualservice.networking.istio.io/reviews configured
```

ブラウザで確認すると、黒い星だけが表示されます。

次にFault Injectionの機能を利用して、reviewsからratingsへの呼び出しを2秒遅らせます。Fault Injectionについては次の「7.5.10 Fault Injection」で説明します。

```
$ kubectl apply -f - <<EOF
apiVersion: networking.istio.io/v1alpha3
kind: VirtualService
metadata:
  name: ratings
spec:
  hosts:
  - ratings
  http:
  - fault:
      delay:
        percent: 100
```

```
        fixedDelay: 2s
    route:
    - destination:
        host: ratings
        subset: v1
EOF
virtualservice.networking.istio.io/ratings configured
```

ブラウザの画面をリロードすると、レスポンスが2秒程度遅れます。体感でもわかると思いますし、各ブラウザのデベロッパーツールを使用しても確認できます。

次に、reviewsのVirtual Serviceでタイムアウトを設定しましょう。0.5秒以内にreviewsサービスがレスポンスを返せない場合はエラーを返すようにします。

```
$ kubectl apply -f - <<EOF
apiVersion: networking.istio.io/v1alpha3
kind: VirtualService
metadata:
  name: reviews
spec:
  hosts:
  - reviews
  http:
  - route:
    - destination:
        host: reviews
        subset: v2
    timeout: 0.5s
EOF
virtualservice.networking.istio.io/reviews configured
```

ratingsの呼び出しを2秒に遅らせたので、reviewsの呼び出しはタイムアウトに引っかかりエラーを返します。

さて、ブラウザの画面をリロードすると、黒い星は表示されずにErrorが表示されるはずです。タイムアウトが正しく設定できていることがわかります。

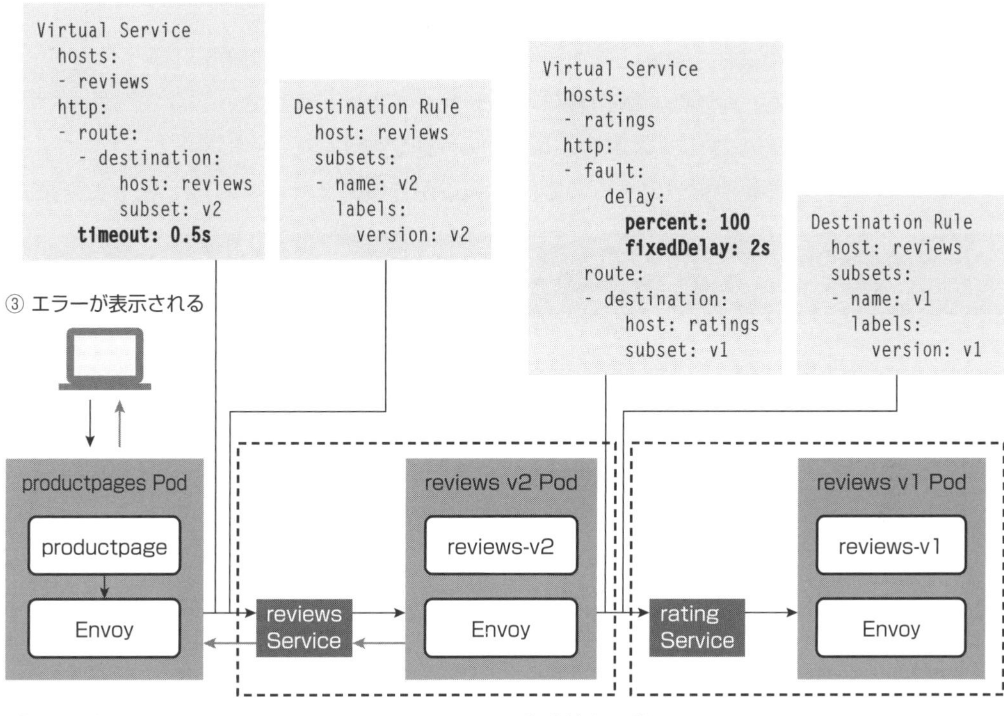

図7.5.7　タイムアウト

動作を確認できたら、v1のみに割り振るように戻します。

```
$ kubectl delete -f samples/bookinfo/networking/virtual-service-all-v1.yaml
virtualservice.networking.istio.io "productpage" deleted
virtualservice.networking.istio.io "reviews" deleted
virtualservice.networking.istio.io "ratings" deleted
virtualservice.networking.istio.io "details" deleted
$ kubectl apply -f samples/bookinfo/networking/virtual-service-all-v1.yaml
virtualservice.networking.istio.io/productpage created
virtualservice.networking.istio.io/reviews created
virtualservice.networking.istio.io/ratings created
virtualservice.networking.istio.io/details created
```

7.5.10 Fault Injection

Fault Injectionは障害を意図的に発生させる機能です。この機能を利用することで、システムの耐障害性を確認できます。

ここでは耐障害性の確認を目的として、reviewsからratingsへの呼び出しを7秒遅らせます。この呼び出しのタイムアウトは10秒にハードコーディングされているので、タイムアウトにはならず、7秒後にレスポンスが返されるという想定です。

まずはテストの影響範囲を限定するために、jasonからのアクセスのみv2に割り振ります。

```
$ kubectl apply -f samples/bookinfo/networking/virtual-service-reviews-test-v2.yaml
virtualservice.networking.istio.io/reviews configured
```

リスト7.5.9　virtual-service-reviews-test-v2.yaml

```
apiVersion: networking.istio.io/v1alpha3
kind: VirtualService
metadata:
  name: reviews
spec:
  hosts:
    - reviews
  http:
  - match:
    - headers:
        end-user:
          exact: jason
    route:
    - destination:
        host: reviews
        subset: v2
  - route:
    - destination:
        host: reviews
        subset: v1
```

リスト7.5.9を詳しく見てみましょう。matchフィールドでは、ルーティングの条件を設定します。このコードでは、end-user headerの値が「jason」である場合はv2に、それ以外の場合はv1に割り振るように設定しています。

よって、ブラウザでサインインしないままだと、v1に割り振られます。また、ブラウザで「Sign in」ボタンを押し、ユーザ名にjasonと入力してログインすると、v2に割り振られます。

次に、reviewsからratingsへの呼び出しを7秒遅らせます。

```
$ kubectl apply -f samples/bookinfo/networking/virtual-service-ratings-test-delay.yaml
virtualservice.networking.istio.io/ratings configured
```

リスト7.5.10 virtual-service-ratings-test-delay.yaml

```
apiVersion: networking.istio.io/v1alpha3
kind: VirtualService
metadata:
  name: ratings
spec:
  hosts:
  - ratings
  http:
  - match:
    - headers:
        end-user:
          exact: jason
    fault:
      delay:
        percentage:
          value: 100.0
        fixedDelay: 7s
    route:
    - destination:
        host: ratings
        subset: v1
  - route:
    - destination:
        host: ratings
        subset: v1
```


faultフィールドでFault Injectionを設定しています。この設定では、jasonからのすべてのトラフィックが7秒遅れます。

さて、ログインした状態のままブラウザで画面をリロードすると、Errorが表示されます。7秒後にレスポンスが返される想定ですが、ブラウザのデベロッパーツールで確認してみると、なぜか6秒でタイムアウトになっています。実は、productpageからreviewsへの呼び出しは6秒でタイムアウトするようにハードコーディングされていたのです！ Fault Injectionの機能を使って耐障害性の検証をすることで、バグを発見できました。

このバグへの対応は、

- productpageからreviewへの呼び出しのタイムアウトを長くする
- reviewからratingへの呼び出しのタイムアウトを短くする

のどちらかとなります。

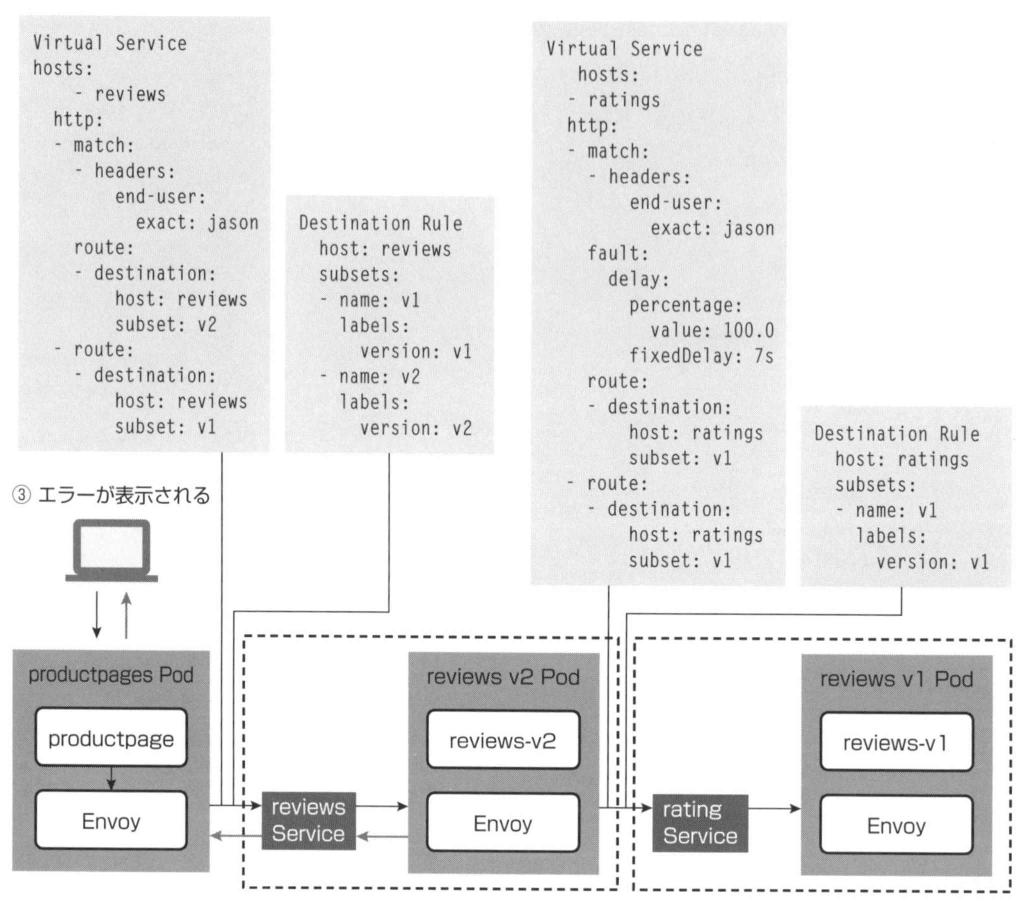

図7.5.8　Fault Injection

最後に、Virtual Serviceの設定を削除します。

```
$ kubectl delete -f samples/bookinfo/networking/virtual-service-all-v1.yaml
virtualservice.networking.istio.io "productpage" deleted
virtualservice.networking.istio.io "reviews" deleted
virtualservice.networking.istio.io "ratings" deleted
virtualservice.networking.istio.io "details" deleted
```

7.5.11 Kiali

Kialiはサービスメッシュをグラフ化するツールです。demoプロファイルを利用してインストールしているため、Kialiはすでにインストールされています。サービスが存在していることを確認します。

```
$ kubectl -n istio-system get svc kiali
NAME    TYPE        CLUSTER-IP     EXTERNAL-IP   PORT(S)     AGE
kiali   ClusterIP   10.98.139.21   <none>        20001/TCP   53m
```

グラフ化するには、ある程度メトリクスを収集しなければならないので、curlコマンドで何度かBookinfoアプリにアクセスします。

```
$ for ((i=0; i<100; i++)); do curl http://$GATEWAY_URL/productpage >& /dev/null ; done
```

次のコマンドで、KialiのUIにアクセスします。

```
$ istioctl dashboard kiali
```

認証画面が表示されるので、Usernameに「admin」、Passwordに「admin」を入力します。ログインが成功すると、図7.5.9の画面が表示されます。

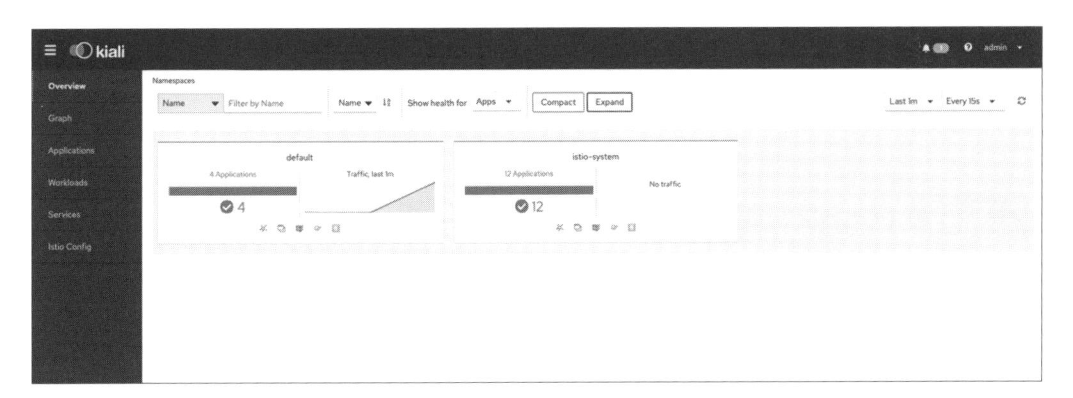

図7.5.9 Kialiの画面

左側のメニューで「Graph」を選択してNamespaceに「default」を指定すると、図7.5.10のようなグラフが表示されます。ここでは「Versioned app graph」を表示しています。トラフィックが表示されない場合は、もう一度サンプルアプリケーションにアクセスしてみるか、「Last 1m」を「Last 10m」などに変更して、表示するトラフィックの期間を伸ばしてみてください。

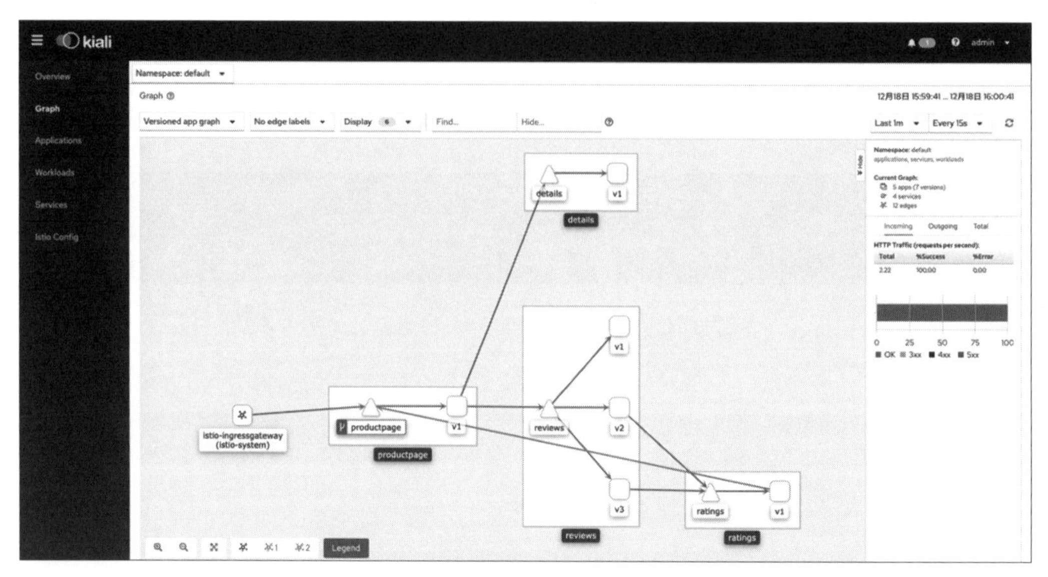

図7.5.10　Kialiのグラフ

メッシュがどのような構造になっているのか、リクエストがどれくらいきているか、リクエストは成功しているか、レスポンスタイムはどれくらいかといったことを視覚的に確認できます。

確認が完了したらコマンドラインに戻り、「Ctrl」キーと「C」キーを押して終了してください。

7.5.12 Bookinfoのアンインストール

Bookinfoアプリはこれ以上使用しないので、Bookinfoアプリを削除します。

```
$ kubectl delete -f samples/bookinfo/platform/kube/bookinfo.yaml
$ kubectl delete -f samples/bookinfo/networking/destination-rule-all-mtls.yaml
```

7.5.13 サーキットブレーカー

サーキットブレーカーは、遅延やエラーなどトラフィックの異常を検知すると、一定期間サービスを呼び出すことなくエラーを返す機能です。

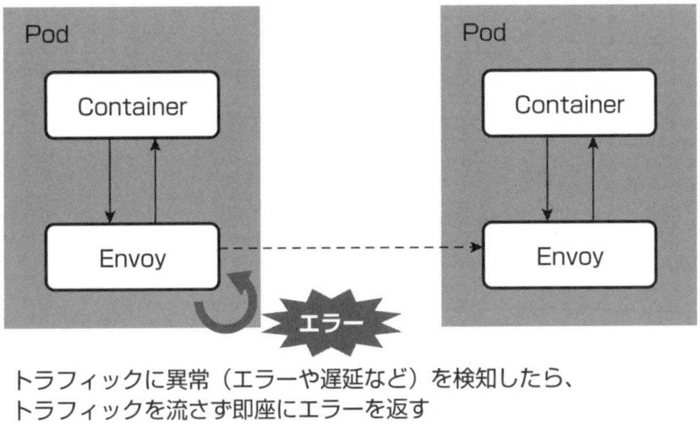

図7.5.11　サーキットブレーカー

サーキットブレーカーを試すために、まずサンプルアプリケーションhttpbinをデプロイします。httpbinはHTTP通信のテストによく使用されます。

```
$ kubectl apply -f samples/httpbin/httpbin.yaml
service/httpbin created
deployment.apps/httpbin created
```

次にサーキットブレーカーの設定をしたDestination Ruleをデプロイします。

```
$ kubectl apply -f - <<EOF
apiVersion: networking.istio.io/v1alpha3
kind: DestinationRule
metadata:
  name: httpbin
spec:
  host: httpbin
  trafficPolicy:
    connectionPool:
      tcp:
        maxConnections: 1
      http:
        http1MaxPendingRequests: 2
        maxRequestsPerConnection: 1
    outlierDetection:
      consecutiveErrors: 1
      interval: 1s
      baseEjectionTime: 3m
      maxEjectionPercent: 100
EOF
destinationrule.networking.istio.io/httpbin created
```

7
サービスメッシュ

trafficPolicyフィールドに、connectionPoolフィールドとoutlierDetectionフィールドを設定しています。connectionPoolフィールドには、TCP/HTTPの接続数を設定します。outlierDetectionフィールド（外れ値検知）には、サーキットブレーカーが発動する閾値と、サーキットブレーカーの挙動を設定します。

このコードでは、httpbinに対する最大接続数を1、最大待機数を2に設定し、それ以上アクセスがきたらサーキットブレーカーが発動するようにしています。

次に、httpbinに接続するクライアントであるfortioをデプロイします。

```
$ kubectl apply -f samples/httpbin/sample-client/fortio-deploy.yaml
service/fortio created
deployment.apps/fortio-deploy created
```

httpbinとfortioが起動していることを確認します。

```
$ kubectl get pods
NAME                             READY   STATUS    RESTARTS   AGE
fortio-deploy-cd48fb5db-dn4j7    2/2     Running   0          107s
httpbin-64776bf78d-x4vqz         2/2     Running   0          2m2s
```

次のコマンドで、fortioからhttpbinに接続できることを確認します。これはhttpbinに一度だけ接続しにいきます。

```
$ FORTIO_POD=$(kubectl get pod | grep fortio | awk '{ print $1 }')
$ kubectl exec -it $FORTIO_POD  -c fortio /usr/bin/fortio -- load \
  -curl  http://httpbin:8000/get
HTTP/1.1 200 OK
server: envoy
（以下省略）
```

「HTTP/1.1 200 OK」が表示されれば成功です。

準備が整ったので、サーキットブレーカーの検証をします。同時接続数を3にして、30リクエストを投げてみます。

```
$ kubectl exec -it $FORTIO_POD  -c fortio /usr/bin/fortio -- load -c 3 -qps 0 -n 30 \
  -loglevel Warning http://httpbin:8000/get
（中略）
Sockets used: 4 (for perfect keepalive, would be 3)
Code 200 : 29 (96.7 %)
Code 503 : 1 (3.3 %)
Response Header Sizes : count 30 avg 222.5 +/- 41.32 min 0 max 231 sum 6675
```

```
Response Body/Total Sizes : count 30 avg 589.16667 +/- 64.65 min 241 max 602 sum 17↵
675
All done 30 calls (plus 0 warmup) 8.776 ms avg, 331.6 qps
```

一部リクエストが失敗する場合もありますが、ほとんどのリクエストは成功します。httpbinに対する最大接続数を1、最大待機数を2に設定したことから、合計3リクエストに耐えられたためです。

次に同時接続数を4にして、40リクエスト投げた場合はどうなるでしょうか。やってみましょう。

```
$ kubectl exec -it $FORTIO_POD  -c fortio /usr/bin/fortio -- load -c 4 -qps 0 -n 40 \
  -loglevel Warning http://httpbin:8000/get
（中略）
Sockets used: 13 (for perfect keepalive, would be 4)
Code 200 : 30 (75.0 %)
Code 503 : 10 (25.0 %)
Response Header Sizes : count 40 avg 172.75 +/- 99.74 min 0 max 231 sum 6910
Response Body/Total Sizes : count 40 avg 511.25 +/- 156 min 241 max 602 sum 20450
All done 40 calls (plus 0 warmup) 8.362 ms avg, 362.5 qps
```

connectionPoolフィールドに設定した値以上のリクエストがきたら、サーキットブレーカーが発動してエラーが返されていることがわかります（場合によっては、この実行例のように綺麗に1/4にはならないこともあります）。

正しくサーキットブレーカーが発動していることがわかりますね。

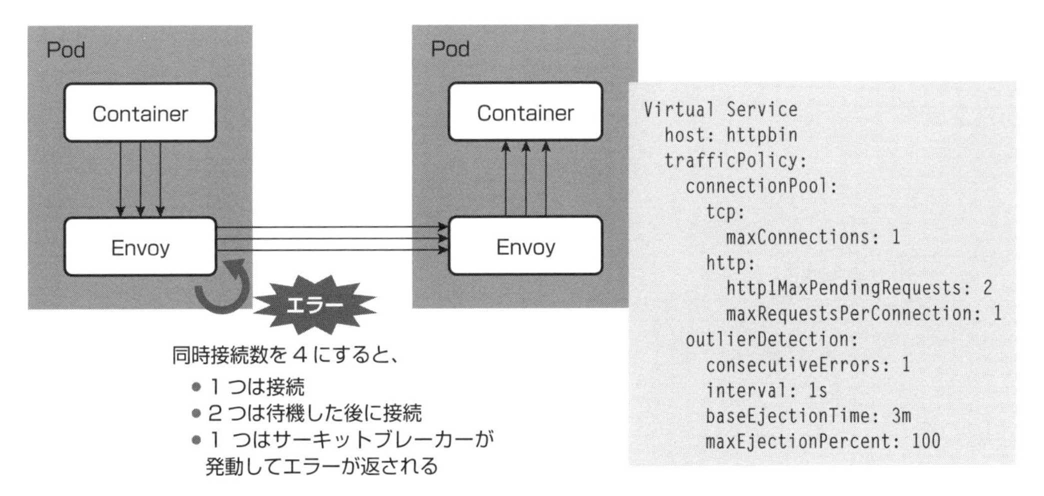

図7.5.12　サーキットブレーカーの発動

これでサーキットブレーカーの設定を確認できました。最後に設定を削除します。

```
$ kubectl delete destinationrule httpbin
destinationrule.networking.istio.io "httpbin" deleted
$ kubectl delete deploy httpbin fortio-deploy
deployment.extensions "httpbin" deleted
deployment.extensions "fortio-deploy" deleted
$ kubectl delete svc httpbin
service "httpbin" deleted
```

Minikubeを停止する場合は、次のコマンドを実行します。

```
$ minikube stop
✋  Stopping "minikube" in hyperkit ...
🛑  "minikube" stopped.
```

Minikubeで作成したClusterを削除する場合は、次のコマンドを実行します。

```
$ minikube delete
🔥  Deleting "minikube" from hyperkit ...
💔  The "minikube" cluster has been deleted.
```

7.6 まとめ

この章では、マイクロサービスとサービスメッシュ、Istioについて説明しました。

マイクロサービスは、ネットワークを介して複数のサービスを連携させるアーキテクチャです。ビジネスニーズに柔軟に対応できる一方で、ネットワークが複雑になり、管理が大変になるという課題がありました。そしてサービスメッシュは、マイクロサービスのネットワークの課題を解決してくれます。

本書では、オープンソースのサービスメッシュとしてIstioを紹介しました。その特長はサイドカーとしてEnvoyを導入できることです。そのため、いきなりすべてのサービスにIstioを導入する必要はなく、段階的にIstioを使用できます。

マイクロサービスを運用していて課題を感じている方は、サービスメッシュの利用を検討されてはいかがでしょうか。

あとがき

ここまでお読みいただきありがとうございます。既刊の弊著『GCPの教科書』（リックテレコム刊）では、Google Cloud Platformというクラウドがどのようなサービスを提供しているのかを広く知っていただくために、様々なサービスを広く浅く取り上げていました。一方、本書では、コンテナを使ってアプリケーションを実際に開発するサービスに絞り、より実践的な使い方について深掘りをして解説しました。

GCPでコンテナを扱う際には、Google Container Registry（GCR、第2章）が必要不可欠です。まずは自分のコンテナを、GCRに様々な方法で保存できるようにしましょう。

HTTPリクエストを受け取るコンテナであれば何でも実行できるCloud Run（第6章）は、コンテナイメージさえ作成できれば誰でもすぐにGCPでのコンテナ実行を試せる、とてもわかりやすいサービスです。もしCloud Runで要件を満たせるのであれば、積極的に活用することをお勧めします。

GKE（第5章）については、OSSであるKubernetes（第4章）をGKEで実行する方法に加え、GKE特有の機能についてもいくつか紹介しました。実際に本番環境で使用していくためには、ネットワークやセキュリティ要件を考慮した上で、どのようなオプションを付けてGKEクラスタを作成すべきか考慮する必要があります。

ある程度手作業で自分のコンテナをデプロイできるようになってきたら、今度はCloud Build（第3章）を使ってテストやデプロイを自動化してみてください。GitHubとCloud Buildを連携させれば、pull requestでもCloud Buildを起動できるようになっているので、ぜひCloud Buildを使ってCI/CDパイプラインを構築してみましょう。

第7章ではIstioやサービスメッシュについて解説しました。これらの要素について日本語で解説をしている書籍は、ほとんどないと思いますので、これを機会に新しい概念に触れてみてください。

本書がGCPでコンテナを扱いたい開発者の皆様のお役に立てば、著者として幸甚です。

索引

クラウドエース株式会社について

「世界中のクラウドを整理して使いやすくすること」

それがクラウドエースのミッションであり、日々の業務となる。当社は2005年6月に創業した吉積情報株式会社から、2016年11月に分社化して誕生した。吉積情報創業当初から一貫してGoogle関連のビジネスに携わっており、現在では多くのお客様とパートナー企業様、そして優秀なメンバーとともに世界一のクラウドサービス企業を目指す。

https://www.cloud-ace.jp

執筆者紹介（五十音順）

クラウドエース株式会社　所属

飯島　宏太（いいじま　こうた）

GCPを用いたインフラ設計・構築に従事。Kubernetes、Istio、Terraform、Spinnakerなども日々勉強中。

最近の趣味は、お散歩。

4、7章の執筆を担当。

妹尾　登茂木（せのお　ともき、@0Delta）

業務ではGCPのみならずUnityとC#を扱う案件にも従事。社内用ツールの開発も行うほか、オンライン勉強会への参加やOSSの翻訳、開発もやっている二児のパパ。

最近の趣味は、お絵描き。

1章、6章の執筆を担当。

高木　亮太郎（たかぎ　りょうたろう）

SREエンジニア。業務ではIaCやCI/CDの構築、GCPのアーキテクチャ設計やGoogle Cloud認定トレーナーとしてトレーニングに従事。

最近の趣味は、お料理。

2章、3章の執筆を担当。

富永　裕貴（とみなが　ゆうき）

GCPとコンテナを用いたアプリケーション開発や、Google Cloud認定トレーナーとしてイベントへの登壇などを行う光の戦士。

最近の趣味は、お菓子作り。

5章の執筆を担当。

GCPの教科書Ⅱ　【コンテナ開発編】
～KubernetesとGKE、Cloud Run、サービスメッシュを詳解～

2020年　5月 21日　第1版 第1刷発行

著　　者　クラウドエース株式会社
　　　　　飯島 宏太・高木 亮太郎・
　　　　　妹尾 登茂木・富永 裕貴
発 行 人　新関 卓哉
企画担当　蒲生 達佳
発 行 所　株式会社リックテレコム
　　　　　〒113-0034 東京都文京区湯島 3-7-7
　　　　　振替　00160-0-133646
　　　　　電話　03(3834)8380(営業)
　　　　　　　　03(3834)8427(編集)
　　　　　URL　http://www.ric.co.jp/

装　　丁　長久雅行
編集協力・組版　株式会社トップスタジオ
印刷・製本　シナノ印刷株式会社

●訂正等
本書の記載内容には万全を期しておりますが、万一誤りや情報内容の変更が生じた場合には、当社ホームページの正誤表サイトに掲載しますので、下記よりご確認ください。
＊正誤表サイトURL
http://www.ric.co.jp/book/seigo_list.html

●本書の内容に関するお問い合わせ
本書の内容等についてのお尋ねは、下記の「読者お問い合わせサイト」にて受け付けております。また、回答に万全を期すため、電話によるご質問にはお答えできませんのでご了承ください。
＊読者お問い合わせサイトURL
http://www.ric.co.jp/book-q

●その他のお問い合わせは、弊社Webサイト「BOOKS」のトップページ http://www.ric.co.jp/book/index.html 内の左側にある「問い合わせ先」リンク、またはFAX：03-3834-8043にて承ります。

●乱丁・落丁本はお取替え致します。

ISBN978-4-86594-241-5　　Printed in Japan